134 页

163 页

129 页

186 页

126 页

70 页

117 页

51 页

167 页

49页

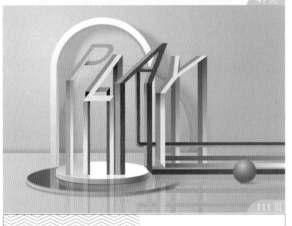

111页

时尚设计师

马克

■ 服饰搭配设计
■ 化妆造型设计
■ 高级私人形象设计
🏠 朝阳区酒仙桥路
📞 1234567890

16页

89页

106页

94页

35页

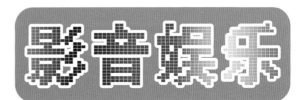

影音娱乐

87页

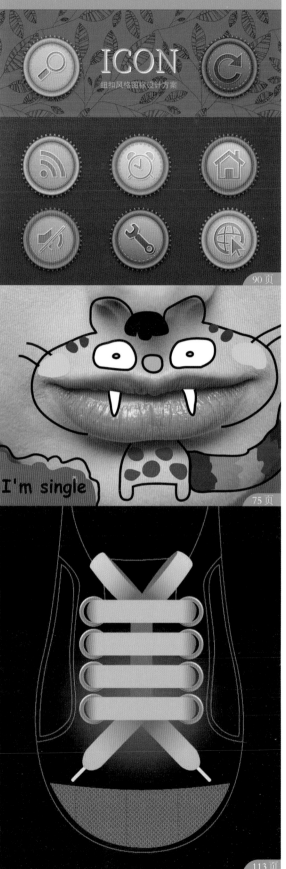

36 页

15 页

LOGO DESIGNED

LOGO DESIGNED

芭蕾舞剧《胡桃夹子》
The Nutcracker

37 页

107 页

COMMEMORATIVE
STAMP 120

COMMEMORATIVE
STAMP 120

COMMEMORATIVE
STAMP 120

COMMEMORATIVE
STAMP 120

COMMEMORATIVE
STAMP 120

COMMEMORATIVE
STAMP 120

COMMEMORATIVE
STAMP 120

47 页

16:29 PM

km/h

58

风速   气压
北风2级   1012hpa

COFFEE

32 页

88 页

152 页

单车联盟

75 页

FLAT ICONS

96 页

182 页

ADOBE
ILLUSTRATOR
1987

127 页

72 页

194 页

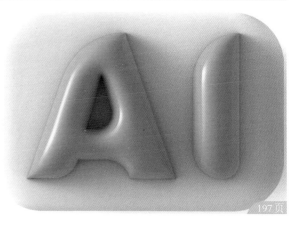

197 页

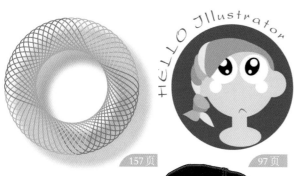

157 页　97 页

31 页　140 页

156 页

115 页

51 页　183 页

182 页

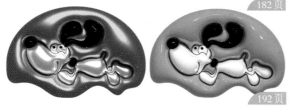

192 页

198 页

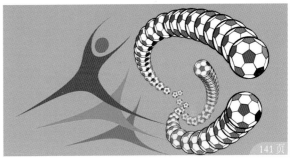

"形状库"文件夹中提供了几百种样式的矢量图形。

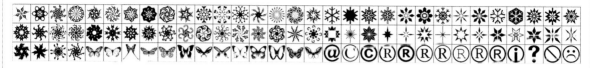

"画笔库"文件夹中提供了几百种样式的高清画笔。

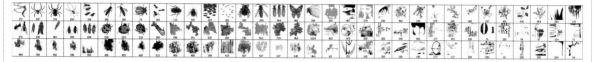

附赠《UI设计配色方案》《网店装修设计配色方案》《色彩设计》《图形设计》《创意法则》《CMYK色谱手册》《色谱表》7本电子书。

色谱表（电子书）

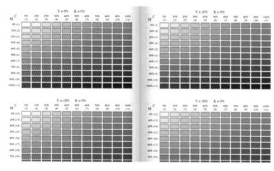

CMYK色谱手册（电子书）

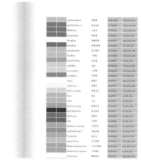

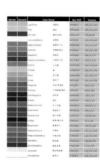

UI 设计配色方案　　　　　　　　　　UI 设计配色方案

以上电子书为PDF格式，需要使用Adobe Reader观看。登录Adobe官方网站可以下载免费的Adobe Reader。

平面设计与制作

突破平面

李金蓉 / 编著

Illustrator 2024

设计与制作剖析

清华大学出版社

北京

内容简介

本书是初学者快速学习Illustrator的经典实战教程。书中采用从设计理论到软件讲解,再到实例制作的渐进方式,将Illustrator各项功能与设计工作紧密结合。实例数量多达80个,其中既有绘图、渐变、混合、效果、画笔、符号、3D等软件功能学习型实例;也有VI、UI、APP、ICON图标、Banner、POP、封面、海报、传单、产品包装、插画、动漫、特效字等设计项目的实战案例。实例经典、技法全面,具有较强的针对性和实用性,可以让读者在动手实践的过程中,充分了解设计项目的流程,轻松地掌握软件使用技巧,真正做到学以致用。

本书适合广大Illustrator爱好者,以及从事广告设计、平面创意、UI设计、包装设计、插画设计、网页设计和动画设计人员学习参考。配套资源中还提供了本书的教学课件,以方便相关院校和培训机构作为教材使用。

图书在版编目(CIP)数据

突破平面Illustrator 2024设计与制作剖析 / 李金蓉编著. -- 北京 : 清华大学出版社, 2024. 9. -- (平面设计与制作). -- ISBN 978-7-302-67360-6

Ⅰ. TP391.412

中国国家版本馆CIP数据核字第2024YX9501号

责任编辑:陈绿春
封面设计:潘国文
责任校对:胡伟民
责任印制:刘海龙

出版发行:清华大学出版社
   网 址:https://www.tup.com.cn, https://www.wqxuetang.com
   地 址:北京清华大学学研大厦A座   邮 编:100084
   社 总 机:010-83470000   邮 购:010-62786544
   投稿与读者服务:010-62776969, c-service@tup.tsinghua.edu.cn
   质 量 反 馈:010-62772015, zhiliang@tup.tsinghua.edu.cn
印 装 者:三河市铭诚印务有限公司
经 销:全国新华书店
开 本:188mm×260mm 印 张:13 插 页:4 字 数:545千字
版 次:2024年11月第1版 印 次:2024年11月第1次印刷
定 价:69.00元

产品编号:105236-01

前言

笔者非常乐于钻研 Illustrator。此软件就像阿拉丁神灯，可以帮助用户实现自己的设计梦想，因而学习和使用 Illustrator 是一件令人愉快的事。

一款软件，要想学会并不难，而要精通，却不容易，Illustrator 也是如此。最有效率的学习方法：一是培养兴趣，二是多多实践。没有兴趣，无法体验学习的乐趣；缺少实践，则不能将所学知识应用于设计工作。

本书力求在一种轻松、快乐的学习氛围中，带领读者逐步深入了解 Illustrator 软件的各项功能，通过实践掌握其在设计领域的应用。在内容的安排上，侧重于实用性强的功能；在技术的安排上，深入挖掘 Illustrator 的使用技巧，并突出功能之间的横向联系，即发挥不同功能的效力，通过多功能合作进行设计创作；在实例的安排上，确保每一个实例不仅有技术含量，有趣味性，还能够与软件功能完美结合，使读者的学习过程轻松、愉快、有收获。

本书各章的开始部分先介绍设计理论，并提供作品欣赏，然后讲解软件功能和实例，章末还布置了课后作业和复习题，用于自我测验。书中的实例都是针对软件功能的应用设计实例，读者在动手实践的过程中，可以轻松掌握软件的使用技巧，了解设计项目的制作流程。80 个不同类型的设计实战和 96 个视频教学文件，能够让读者充分体验 Illustrator 的学习和使用乐趣，真正做到学以致用。相信通过本书的学习，大家能够爱上 Illustrator！

配套资源

本书的配套资源包含案例的素材文件、效果文件、部分案例的视频教学文件，并附赠精美的矢量素材、电子书、"多媒体课堂－视频教学 74 讲"，为方便老师教学，还制作了 PPT 课件。本书的配套资源请扫描右侧的二维码进行下载，如果在下载过程中碰到问题，请联系陈老师，邮箱：chenlch@tup.tsinghua.edu.cn。

希望本书能帮助读者更快地学会使用 Illustrator，了解相关设计知识，掌握必要的工作技能和经验。由于作者水平有限，书中难免有疏漏之处，欢迎广大读者批评指正。如果读者在学习过程中遇到问题，请扫描右侧的技术支持二维码，联系相关技术人员解决。

技术支持

作者

2024 年 9 月

目录

第1章
入门：Illustrator基本操作

1.1 旋转创意的魔方

广告大师威廉·伯恩巴克曾经说过:"当全部人都向左转,而你向右转,那便是创意。"

1.1.1 创意的方法

创意离不开创造性思维和独特的实现方法。它可能源自一次偶然的灵感,也可能是长时间思考和实验的结果。无论形式如何,都能触动人心,引发共鸣。

● 夸张:夸张是表达上的需要,故意言过其实,对客观的人和事物进行扩大或缩小的描述。图1-1所示为生命阳光牛初乳广告——不可思议的力量。该作品获得过戛纳广告节铜狮奖。

● 幽默:对于幽默的力量,广告大师波迪斯有独到的见解,他说:"巧妙地运用幽默,就没有卖不出去的东西。"幽默的创意具有很强的戏剧性、故事性和趣味性,能令人会心一笑,让人感到轻松愉快。图1-2所示为VUEGO SCAN扫描仪广告。图1-3所示为LG洗衣机广告(有些生活情趣是不方便让外人知道的,LG洗衣机可以帮你。不用再使用晾衣绳,自然也不用为生活中的某些情趣感到不好意思了)。

图1-1   图1-2   图1-3

● 悬念:以悬疑的手法或猜谜的方式调动和刺激受众,使其产生疑惑、紧张、渴望、揣测、担忧、期待、欢乐等一系列心理反应,并持续和延伸,以达到为释疑团而寻根究底的效果。图1-4所示为感冒药广告——没有任何疾病能够威胁到你。

● 比较:通常情况下,人们在作出决定之前,会习惯性地进行事物间的比较,以帮助自己做出正确的判断。通过比较得出的结论往往更加令人信服。图1-5所示为Ziploc保鲜膜广告。

图1-4

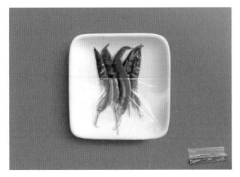

图1-5

● 拟人：将自然界的事物进行拟人化处理，赋予其人格和生命力，能让受众在心里产生共鸣。图1-6所示为Mirador餐厅广告——娱乐和餐饮兼具。

● 比喻/象征：比喻和象征属于"婉转曲达"的艺术表现手法，给人以无穷的想象。比喻需要创作者借题发挥，进行延伸和转化。象征可以使抽象的概念形象化，让复杂的事理浅显化，引起人们的联想，提升作品的艺术感染力和审美价值。图1-7所示为Hall音乐厅海报——一个阉伶的故事。

图1-6   图1-7

● 联想：联想表现法也是一种婉转的艺术表现方法，通过两个在本质上不同、但某些方面有相似性的事物，给人以想象的空间，进而产生"由此及彼"的联想效果，意味深远。图1-8所示为大众全自动泊车辅助系统广告——精确泊车。图1-9所示为Covergirl睫毛刷产品广告——请选择加粗。

图1-8

图1-9

1.1.2 矢量图与位图

　　Illustrator是一款矢量软件，可用于绘制矢量图。矢量图也叫矢量形状或矢量对象，由几何（点、线或曲线）、有机或自由形状构成，如图1-10所示，这些形状由数学方程根据其特征定义。矢量图可以无损编辑，无论怎样旋转和缩放，都能清晰如初，因此常用于图标、Logo、UI、字体设计和插画的制作。也适合在不同尺寸的媒体上展示，或者以不同的分辨率印刷。

矢量图稿
锚点
路径
为矢量图填色和描边及添加效果后制作成的标志
图1-10

　　矢量图的缺点是无法表现丰富的细节和细腻的颜色变化效果。但位图可以。

　　数码相机拍摄的照片、网络上的图片、从视频中截取的图像等都属于位图。其基本构成单位是像素。位图可以完整地呈现真实世界中的所有色彩和景物。这是其优点。其缺点很"致命"，由于受到关键要素（分辨率）的制约，对位图进行旋转和放大，会使像素受到破坏，导致图像的清晰度变差，如图1-11所示。由此可见，位图与矢量图是互补的。要想成为一名优秀的设计师，矢量图和位图软件（如Photoshop）都应熟练掌握。

原图（左图）及放大300%后的图像局部（右图，已经有些模糊了）
图1-11

1.1.3 路径与锚点

矢量图的基本构成单位是路径和锚点。路径由一条或多条直线或曲线线段构成，线段间通过锚点连接，如图1-12所示。在开放的路径上，锚点还标记了路径的起点

和终点，如图1-13所示。

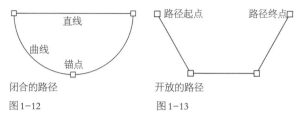

闭合的路径　　　　　　　开放的路径
图1-12　　　　　　　　　图1-13

锚点分为两种，即平滑点和角点。平滑点连接起来可以创建平滑的曲线，如图1-14所示；角点可连接直线和转角曲线，如图1-15和图1-16所示。

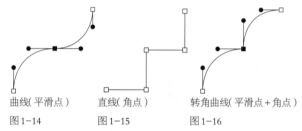

曲线（平滑点）　直线（角点）　转角曲线（平滑点＋角点）
图1-14　　　　　图1-15　　　　图1-16

曲线的锚点上有方向线，方向线的端点是方向点，如图1-17所示。拖曳方向点可以调整方向线的长度和角度，进而改变曲线的形状，如图1-18所示。

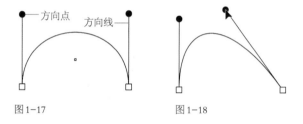

图1-17　　　　　　　　　图1-18

1.2 Illustrator 2024新增功能

Adobe 公司每年都会对 Illustrator 进行更新，这些更新不仅包括性能的改进，还会添加新功能。

1.2.1 利用人工智能生成矢量图

Illustrator 2024中使用了生成式人工智能（Adobe Firefly）技术，用户在上下文任务栏或"属性"面板中输入文字提示，便可生成高质量的矢量图形，如图1-19~图1-21所示。

图1-19

图1-20　　　　　图1-21

1.2.2 基于人工智能的生成式重新着色

选择对象后，输入文本提示，可以快速为图稿重新上色，如图1-22所示（实例见2.6.7节）。此外，还可使用颜色平衡轮、颜色库或颜色主题选择器进一步完善颜色。

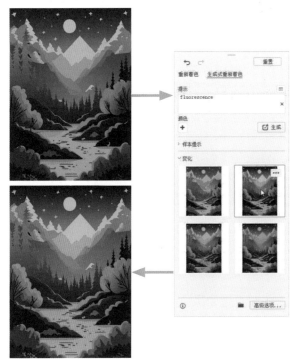

图1-22

1.2.3 样式提取器

绘制一个矩形，在上下文任务栏或"属性"面板中输入要生成的图稿，单击⚫按钮，然后在图稿上单击，可以改变图稿的风格、样式和色彩，创建与此图像类似的效果，如图1-23所示。

图1-23

1.2.4 模型展示

选择矢量图稿或位图，如图1-24所示，执行"对象"|"模型"|"制作"命令，可以将图稿贴在服饰、产品包装、名片和灯箱等物体上（实例见2.6.6节），如图1-25所示。

图1-24

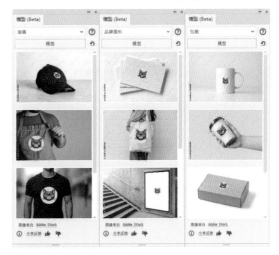

图1-25

1.2.5 尺寸工具

Illustrator 2024新增的尺寸工具 🖋 可用于测量角度、距离和直径，如图1-26所示。选择该工具时，会打开一个任务栏，如图1-27所示。借助该任务栏可切换不同的工具类型，如线性尺寸、角度尺寸和径向尺寸。

图1-26

图1-27

1.2.6 更强的平滑控制

使用"平滑"命令时,可以通过平滑滑块手动控制路径的平滑级别,还可以只平滑部分路径。

1.2.7 共享文档以供审阅

如果想共享文档,可用执行"文件" | "共享以供审阅"命令,创建可共享的审阅链接,合作方可提供反馈、添加评论,软件中会自动显示评论。用户还可以回复评论、解决评论并将更新推送到同一链接以继续审阅。此外,执行"邀请编辑"命令,还可共享云文档以供编辑。

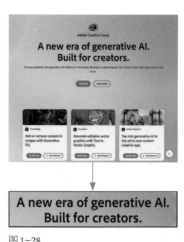

图 1-28

图 1-29

1.2.8 保存选区

选择多个对象后,可以执行"选择" | "保存选区"命令,将选区保存起来。将来使用时,可通过此选区一起移动对象或修改其外观,就像处理编组的对象一样。

1.2.9 Retype 功能

使用 Retype(Beta)功能可以自动识别图像中所用文本的字体(目前仅支持拉丁语),并将其转换为能在 Illustrator 中编辑的文本,如图 1-28 和图 1-29 所示。

1.2.10 其他更新功能

- A5 预设:在"新建文档"对话框中,"打印"预设部分提供了 A5 预设。
- 同时管理嵌入的多个图像:在文档中选择嵌入的图像,单击"控制"面板中的"将所有选定的图像取消嵌入到此文件夹"按钮,可一次性取消嵌入的多个图像。
- 删除链接和嵌入的对象:单击"链接"面板中的"删除链接"按钮 🗑 ,可以删除图稿中链接的对象和嵌入的对象。
- 导出文件:执行"文件" | "导出" | "导出为多种屏幕所用格式"命令,可在导出过程中为资源名称添加前缀,以便更好地管理文件。导出后,无须手动将数字作为前缀插入画板和资源名称中,即可在文件夹中将它们正确排序。

1.3 Illustrator 2024工作界面

Adobe 公司的大部分软件都采用与 Illustrator 相同的工作界面,因此,学会使用 Illustrator,其他 Adobe 软件也能轻松上手操作。

1.3.1 主页

运行 Illustrator 2024 后,首先显示主页,如图 1-30 所示。在此可创建文档、打开计算机中的文件、查看新增功能,以及在线观看 Adobe 提供的 Illustrator 学习教程。

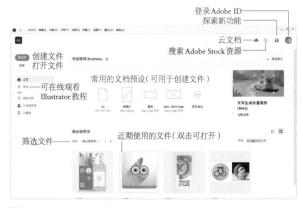

图1-30

图1-32

1.3.2　文档窗口

在主页中新建或打开文件，或者按Esc键关闭主页后，会切换到Illustrator的工作界面，如图1-31所示。默认的界面颜色为黑色，可以执行"编辑"|"首选项"|"用户界面"命令调整其亮度。

图1-31

每新建或打开一个文件便会创建一个文档窗口。如果同时打开了多个文件，单击需要编辑的文件的文件名，可将其设置为当前操作窗口，如图1-32所示。按Ctrl+Tab快捷键，可循环切换各窗口。

将一个文档窗口从选项卡中拖出即成为浮动窗口，此时拖曳顶部的标题栏，便可将其移动，也可将其拖回选项卡中。如果要关闭一个窗口，可以单击右上角的 按钮；如果要关闭所有窗口，可在选项卡上右击，在弹出的快捷菜单中执行"关闭全部"命令。文档窗口底部是状态栏，单击其右侧的 按钮，打开下拉菜单，在"显示"级联菜单中可以选择状态栏中显示的具体信息。

1.3.3　工具栏

Illustrator中的工具按照用途分为6大类，如图1-33所示。需要使用某一个工具时，在工具栏中单击此工具即可。常用工具还可通过快捷键来选取，例如，按P键，可以选择钢笔工具 ，这样不仅能提高效率，也可减轻频繁使用鼠标导致的手部疲劳。如果想减少工具栏占用的空间，可单击顶部的 按钮，让工具以单排显示，如图1-34所示。单击 按钮，可恢复为双排。此外，拖曳顶部的标题栏，还能将其移动到其他位置。

选择类工具
绘制类工具
文字类工具
上色类工具
修改类工具
导航类工具

图1-33　　　　　　　图1-34

将光标停放在某工具上方，会显示该工具的名称和快捷键。右下角有三角形图标的是工具组，单击并按住鼠标不放，可以显示其中隐藏的工具，如图1-35所示。移动光标至其中一个工具上方，释放鼠标后，便可选取该工具，如图1-36所示。如果按住 Alt 键的同时单击一个工具组，则可循环切换其中的工具。

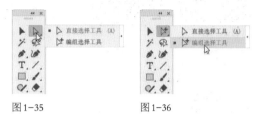

图1-35 图1-36

单击工具组右侧的 按钮，如图1-37所示，可以弹出一个包含该工具组的独立面板，如图1-38所示。在这种状态下，可将该面板拖曳到其他位置；也可将光标放在面板的标题栏上，向工具栏边界拖曳，当出现蓝色提示线时，如图1-39所示，释放鼠标，便可将工具组面板与工具栏停放在一起（水平和垂直方向均可停放），如图1-40所示。

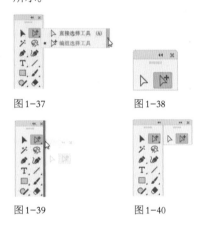

图1-37 图1-38

图1-39 图1-40

1.3.4 修改工具栏

默认状态下的工具栏中只显示常用工具，其中可能缺少当时需要的工具。执行"窗口" | "工具栏" | "高级"命令，可以显示所有工具。但工具太多，查找起来又比较麻烦，如何协调这二者的矛盾呢？最好的方法是根据自己的需要对工具栏进行配置。

操作时首先单击工具栏底部的"编辑工具栏"按钮 ，此时会显示一个面板，其包含了所有工具，如图1-41所示。其中显示为灰色的表示已经在工具栏中，其他非灰色工具可以拖曳到工具栏中，如图1-42和图1-43所示。如果将工具栏中的一个工具拖曳到该面板中，则可将其从工具栏中剔除出去，如图1-44和图1-45所示。掌握这个方法，便可自由配置工具栏。

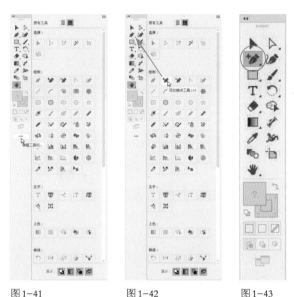

图1-41 图1-42 图1-43

图1-44 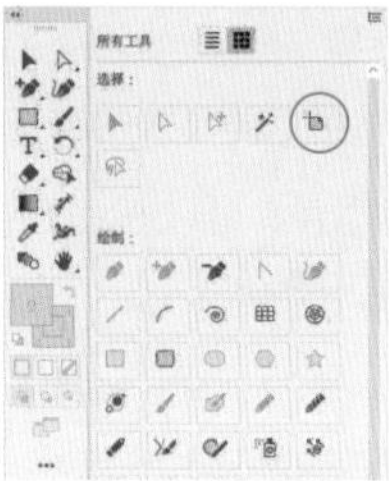 图1-45

如果不想改变现有工具栏，也可以执行"窗口" | "工具栏" | "新建工具栏"命令，新建一个工具栏，如图1-46所示，单击其底部的 按钮显示面板后，将需要的工具拖曳到该工具栏中即可，如图1-47和图1-48所示。将一个工具拖曳到一个工具的上方，释放鼠标后，二者可组成一个工具组，如图1-49和图1-50所示；如果拖曳到工具下方，如图1-51所示，则可创建单独的工具组，如图1-52所示。

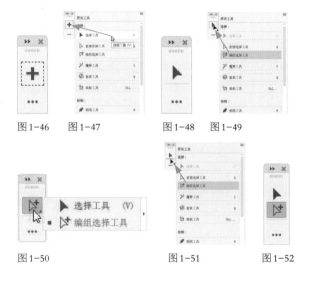

图1-46 图1-47 图1-48 图1-49

图1-50 图1-51 图1-52

> **提示**
>
> 执行“窗口”|“工具栏”|“管理工具栏”命令，可以删除自定义的工具栏。

1.3.5 菜单

Illustrator有9个主菜单，如图1-53所示。单击任意一个可将其打开，如图1-54所示。可以看到，不同用途的命令被分隔线隔开了。其中一些命令有黑色的箭头标记，将光标放在其上方，可以打开级联菜单，如图1-55所示。单击一个命令，便可执行该命令。命令右侧有“...”符号的，表示在执行时会弹出一个对话框。如果命令是灰色的，则说明在当前状态下不能使用。

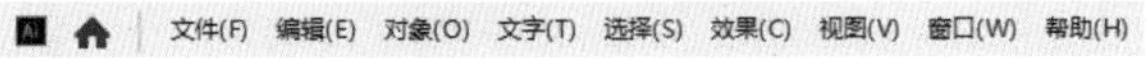

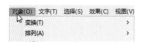

图1-53

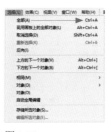

图1-54

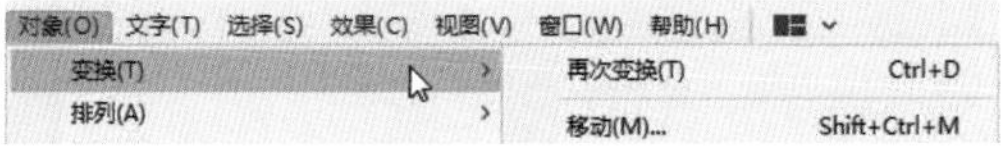

图1-55

在菜单中，命令右侧的英文字母、数字和符号组合是其快捷键。例如，“选择”|“全部”命令的快捷键是Ctrl+A，如图1-56所示。在使用时，先按住Ctrl键不放，之后再按A键即可。

图1-56

有些快捷键是由3个按键组成的。例如，“选择”|“取消选择”命令的快捷键为Shift+Ctrl+A。操作时，需要先按住前面的两个键，再按最后那个键，即同时按住Shift键和Ctrl键不放，再按A键。

有些命令名称右侧有一个字母，例如“选择”|“存储所选对象”命令右侧有一个S，其代表的是一种快捷方法。操作方法为，首先按住Alt键不放，之后按主菜单名称右侧的字母对应的按键S，这样可将“选择”菜单打开，之后再按S键即可。

除主菜单外，在文档窗口、面板或选取的对象上右击，还可打开快捷菜单，如图1-57和图1-58所示。快捷菜单中包含了与当前操作有关的命令，使用起来比到主菜单中选取更方便一些。

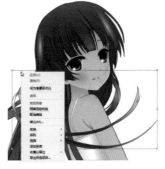

图1-57

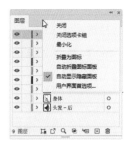

图1-58

> **提示**
>
> 通过快捷键选择工具、打开面板或执行命令前，需要先切换到英文输入法，然后再按相应的快捷键才能有效。

> **技巧放送 macOS系统如何使用快捷键**
>
> 本书给出的是Windows快捷键，macOS用户使用时需要进行转换——将Alt键转换为Opt键，将Ctrl键转换为Cmd键。例如，如果书中给出的快捷键是Alt+Ctrl+O，那么macOS用户应按Opt+Cmd+O快捷键来操作。

1.3.6 “控制”面板

菜单下方是“控制”面板，如图1-59所示，其会随着当前工具和所选对象的不同而改变选项。

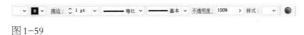

图1-59

“控制”面板中内嵌了“画笔”“描边”和“图形样式”等常用面板，单击带有虚线的文字，或者单击⌄按钮，都能打开下拉面板，如图1-60和图1-61所示，即用户可以在“控制”面板中使用这些下拉面板完成相应的操作。在空白区域单击，则可将其关闭。“控制”面板中也包含菜单，单击⌄按钮，可将其展开，如图1-62所示。

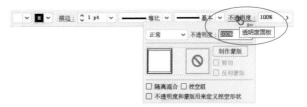

图1-60

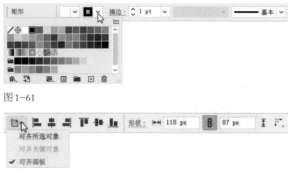

图 1-61

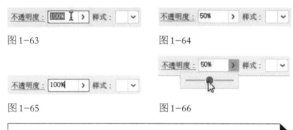

图 1-62

"控制"面板中包含数值的选项可通过 3 种方法来进行调整。第 1 种方法是在数值上双击，将其选中，如图 1-63 所示，之后输入新数值并按 Enter 键，如图 1-64 所示；第 2 种方法是在文本框内单击，当出现闪烁的"|"形光标时，如图 1-65 所示，向前或向后滚动鼠标滚轮，可对数值进行动态调整；第 3 种方法是单击 › 按钮，显示滑块后，拖曳滑块来进行调整，如图 1-66 所示。

图 1-63

图 1-64

图 1-65

图 1-66

> **提示**
>
> 如果需要多次尝试才能确定最终数值，可以双击数值，将其选中，然后按"↑"键和"↓"键，会以 1 为单位增大或减小数值，或者同时按住 Shift 键，以 10 为单位进行调整。按 Tab 键，则可切换到下一个选项。

1.3.7 其他面板操作方法

在 Illustrator 中，很多编辑操作需要借助相应的面板才能完成。需要使用一个面板时，可以到"窗口"菜单中将其打开。

- 展开面板：默认状态下，面板被分成若干个组，停靠在工作界面右侧，如图 1-67 所示。每个面板组中只显示一个面板。如果要使用其他面板，在其名称上单击即可，如图 1-68 所示。

- 折叠/拉宽面板：最上方的面板组中有一个 ▶▶ 按钮，单击该按钮，可以将面板组折叠起来，如图 1-69 所示，这样会有更多的空间显示。在折叠状态下，可通过单击面板

或图标的方法展开面板，如图 1-70 所示；再次单击，可将其重新折叠。如果觉得面板只显示图标，没有名称不太好辨认，可拖曳其左边界，将面板组拉宽，这样就能让面板名称显示出来，如图 1-71 所示。

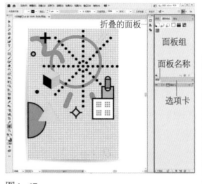

图 1-67　　　　　　　　　　　　图 1-68

图 1-69　　　　图 1-70　　　　　　图 1-71

- 打开面板菜单：单击面板右上角的 ≡ 按钮，可以打开面板菜单，如图 1-72 所示。

- 关闭面板/面板组：在面板的名称或选项卡上右击，可以打开快捷菜单，如图 1-73 所示。选择"关闭"选项，可以关闭当前面板；选择"关闭选项卡组"选项，可关闭当前面板组。

图 1-72　　　　　　　　　　　　图 1-73

- 浮动面板：将光标放在面板的名称上，向外拖曳，如图 1-74 所示，可将其从组中拖出，成为浮动面板，如图 1-75 所示。如果要关闭浮动面板，单击右上角的 ✖ 按钮即可。

图 1-74　　　　　　　　　　　　图 1-75

● 组合浮动面板：将其他面板拖曳到
浮动面板的选项卡上，可以将浮动
面板组合成一个面板组，如图1-76
所示。

图1-76

● 连接面板：将一个面板拖曳到另一
个面板下方，出现蓝色提示线时，如
图1-77所示，释放鼠标，可将其连接在一起，如图1-78
所示。连接完成后，拖曳面板的标题栏，可以移动所有连
接的面板，如图1-79所示。单击面板顶部的 按钮，可逐
级隐藏或显示面板选项，如图1-80和图1-81所示。双击
面板的名称，可将其最小化，如图1-82所示；再次双击，
可重新展开面板。

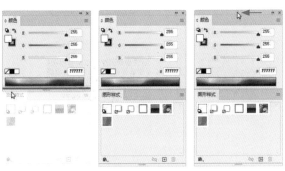

图1-77　　　　图1-78　　　　图1-79

图1-80　　　　图1-81　　　　图1-82

提示

按Shift+Tab快捷键，可以隐藏工作界面右侧的面板；按
Tab键，可以隐藏工具栏、"控制"面板及工作界面右侧
的所有面板。再次按同样的按键，面板会重新显示。

1.3.8 画板

在Illustrator中的画板是可打印区域，它不仅存放着
图稿，也能帮助用户简化设计过程、减少重复性工作。画
板之外则是画布。

Illustrator中的文档最多可以容纳1000个画板，这给
设计工作提供了极大的便利。例如，做UI设计时，设计
师要为不同比例和屏幕尺寸的显示器、手机、平板计算机
等制作图稿，那么只要创建多个画板，就可将所有方案放

在一个文档中，如图1-83所示。

网页大小（1280×800）的画板
iPhone屏幕大小的画板
画布

图1-83

1.3.9 创建和编辑画板

执行"文件"|"新建"命令创建文档时，可以设置文
档中画板的数量。在编辑图稿的过程中，则可使用画板工
具 来添加和修改画板。

● 创建画板：选择画板工具 ，在画布上拖曳光标，可以
自由定义画板的位置和大小。

● 复制画板：使用画板工具 单击一个画板，如图1-84所
示，单击"控制"面板中的 按钮，可以复制出同样大小
而不包含图
稿的画板，如
图1-85所示。
单击"控制"
面板中的
按钮，然后按
住Alt键并拖
曳画板，则可
复制出包含图稿的画板。

图1-84

图1-85

● 移动画板：使用画板工具 拖曳画板，可将其移动。

● 调整画板大小：使用画板工具 单击一个画板，然后拖
曳定界框上的控制点，可调整画板大小。如果要精确定义
画板尺寸，可以在"控制"面板或"属性"面板中的"宽"
和"高"选项中输入数值并按Enter键确认。

● 适合图稿边界/适合选中的图稿：执行"对象"|"画
板"|"适合图稿边界"命令，可以将画板边界调整到所有
图稿的边界处，即涵盖所有图稿。如果选择了一个图稿，
执行"对象"|"画板"|"适合选中的图稿"命令，则可将
画板边界调整到选中的图稿的边界处。

● 删除画板：使用画板工具 单击一个画板，按Delete键
可将其删除。

1.4 查看图稿

在观察和处理图稿细节时，我们会将视图比例调大，以便让图稿以更大的比例显示；需要查看整体效果时，又需要将视图比例调小。下面介绍如何调整视图比例，以及怎样移动画面。

1.4.1 使用工具查看图稿

选择缩放工具 🔍，将光标放在需要放大显示的图稿上方，连续单击（或在其上方拖曳光标），即可放大视图比例，如图 1-86 和图 1-87 所示。

图 1-86 　　　　　图 1-87

当文档窗口中不能显示全部图稿时，可以选择抓手工具 ✋ 或按住空格键并拖曳光标移动画面，以查看不同区域，如图 1-88 所示。

需要缩小视图比例时，可以选择缩放工具 🔍，按住 Alt 键连续单击，如图 1-89 所示，或按住 Alt 键拖曳光标。

图 1-88 　　　　　图 1-89

提示

"视图"菜单中有专门用于调整视图比例的命令，并配备了快捷键，使用时非常方便。例如，按住 Ctrl 键的同时连续按 + 键，视图就会逐级放大。

1.4.2 使用"导航器"面板

当文档窗口的放大倍率较高时，使用抓手工具 ✋ 移动画面需要多次操作才能到达指定区域，非常麻烦。在这

种情况下，用"导航器"面板操作最为方便，只需在该面板中的对象缩览图上单击，便能将单击点定位到画面的中心，如图 1-90 和图 1-91 所示。拖曳红色的矩形框，则可快速移动画面。

图 1-90 　　　　　图 1-91

1.4.3 存储视图

放大视图并定位画面中心后，如图 1-92 所示，执行"视图"|"新建视图"命令，可将视图保存。此后不论视图怎样调整，如图 1-93 所示，只要在"视图"菜单底部找到该视图，如图 1-94 所示，单击便可切换到这一视图状态。该方法适用于某个区域需要多次修改的情况，保存视图能减少缩放视图、定位图稿等重复性操作。

图 1-92

图 1-93 　　　　　图 1-94

1.5 文件编辑

使用Illustrator时，既可以从一个空白文档开始，一步一步地绘图和创作，也可以打开现成的素材，对其进行修改。图稿完成编辑后，可根据用途存储为不同的格式，以便在不同的媒体上使用或再用其他软件编辑。

1.5.1 创建空白文档

执行"文件"|"新建"命令（快捷键为Ctrl+N），打开"新建文档"对话框，输入文件名称，设置大小和颜色模式等选项，单击"确定"按钮，可按照设定的参数创建一个空白文档。

在设计工作中，印刷、移动设备、UI、网页、视频媒体等不同的项目对文档尺寸、分辨率、颜色模式的要求也各不相同。在"新建文档"对话框的选项卡中，Illustrator提供了大量预设，可以快速创建符合某个设计要求的文档。例如，如果想做一个A4大小的海报，可以单击"打印"选项卡，在弹出的面板中选择"A4"预设，Illustrator会将所有参数自动填好，如图1-95所示，这时只要单击"创建"按钮即可。

图1-95

1.5.2 打开文件

Illustrator可以编辑AI、CDR、EPS、DWG等矢量格式的文件，以及JPEG、TIFF、PSD、PNG、SVG等位图格式的文件。此外，还能处理PDF和AutoCAD文件。

如果要打开计算机中的素材，可以执行"文件"|"打开"命令（快捷键为Ctrl+O），在弹出的对话框中选择文件（按住Ctrl键单击可多选），如图1-96所示，单击"打开"按钮或按Enter键，即可将其打开。

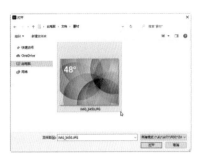

图1-96

1.5.3 置入文件

除打开文件外，用户还可以通过执行"文件"|"置入"命令，将JPEG、PSD、AI、GIF等不同格式的外部文件置入Illustrator的现有文档中。操作时会打开"置入"对话框，如图1-97所示。

图1-97

"链接"选项较为重要，它决定了文件的存在方式，即链接还是嵌入。取消勾选"链接"复选框，图稿会嵌入并存储于Illustrator文件中，因而文件的"体量"会变大，但可编辑性更好。例如，嵌入AI格式的文件时，其包含的图形都可以选择和修改，如图1-98和图1-99所示。嵌入PSD格式文件时，还会保留其中的图层和组。

图1-98　　　　　　　　　图1-99

勾选"链接"复选框，则置入的图稿与Illustrator文件各自独立，文件的所有内容将作为一个整体，因而不能修改其中的部分内容，如图1-100和图1-101所示。

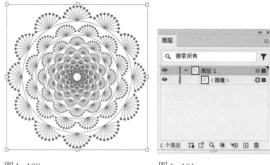

图1-100   图1-101

技巧放送 嵌入与取消嵌入

如果想将链接的文件嵌入Illustrator文件中，可以使用选择工具 ▶ 单击它，再单击"控制"面板中的"嵌入"按钮即可。如果想将嵌入的文件转换为链接状态，可将其选择，再单击"控制"面板中的"取消嵌入"按钮。

置入图稿后，如果源文件的名称和存储位置等发生了改变，或者文件被删除，则"链接"面板中该图稿的缩览图右侧会出现 ⚠ 状图标。这种情况需要重新建立链接，文件才能使用，如图1-102所示。

嵌入的图稿
缺失的图稿
修改的图稿
链接的图稿
编辑原稿
从CC库重新链接
重新链接
更新链接
转至链接

图1-102

单击"链接"面板底部的 🔗 按钮，在打开的对话框中找到源文件，单击"置入"按钮可以重新建立链接。如果图稿的源文件只是被编辑过，其缩览图的右侧会显示 🔄 状图标，单击 🔄 按钮可以更新到最新状态。

1.5.4 保存文件

在Illustrator中创建文档或打开文件并进行编辑时，在编辑初期就应保存一次文件，此后每完成重要操作，可通过按Ctrl+S快捷键，将当前编辑效果存储起来，以防止因Illustrator意外闪退、断电或计算机卡顿等原因丢失图稿。

执行"文件"|"存储"命令（快捷键为Ctrl+S）即可保存文件。如果想将当前文档保存为另外的名称或格式，或者想在其他位置保存一份同样的文件，可以执行"文

件"|"存储为"命令，打开"存储为"对话框，如图1-103所示，选项设置完成后，单击"保存"按钮即可。

可输入文件名称
可以选取文件格式

图1-103

1.5.5 文件格式简述

文件格式决定了数据的存储方式（作为像素还是矢量）、支持哪些Illustrator功能、是否压缩，以及能否被其他软件使用。在Illustrator中创建和编辑的图稿可以存储为AI、PDF、EPS、FXG 和 SVG格式，它们是Illustrator本机格式，能存储所有Illustrator数据。

● AI格式：Illustrator中最重要的文件格式，其意义与Photoshop中的PSD格式类似。将文件存储为这种格式后，任何时候打开文件，都可以修改其中的图形、色板、图案、渐变、文字等内容。如果文件要用于其他矢量软件，可将其保存为AI或EPS格式，这样在另一款软件中打开时，Illustrator创建的所有图形元素都会得以保留。

● PSD格式：如果要在Photoshop中对文件进行处理，可以保存为PSD格式。这样做的好处在于，将文件导入Photoshop时，图层、文字、蒙版等都可以继续编辑。

● PDF格式：可以保留字体、图像和版面，而且文件很小，任何人都可以使用免费的Adobe Reader软件查看、共享和打印PDF文件。

● TIFF格式：兼容性好，几乎所有的扫描仪和绘图软件都支持该格式。

● JPEG格式：主要用于存储图像，可以压缩文件（有损压缩）。

● GIF格式：无损压缩格式，主要应用于网页文档。

技巧放送 导出文件

如果要以其他文件格式导出图稿，以便在其他程序中使用，可以执行"文件"|"导出"|"导出为"命令，并在打开的对话框中选择所需文件格式。

1.5.6 还原与重做

在编辑图稿的过程中，如果操作失误或对当前效果不满意，可以执行"编辑"|"还原"命令撤销操作。该命令的快捷键为Ctrl+Z，连续按，可依次向前撤销操作。

如果想恢复被撤销的操作，可以执行"编辑"|"重做"命令（快捷键为Shift+Ctrl+Z）。连续按Shift+Ctrl+Z快捷键，可依次进行恢复。

如果想将文件恢复到最后一次保存时的状态，可以执行"文件"|"恢复"命令。

1.5.7 后台自动存储

将文件存储为AI格式时，Illustrator会为用户备份一份文件，并在编辑过程中每隔2min自动保存一次。当出现意外情况，如内存不够用而导致Illustrator闪退，再次运行Illustrator时，可自动加载文件并将其恢复到最后一次存储时的状态，因而数据不会丢失。

1.6 设计与实战

本节包含两个设计实战，通过操作可以初步掌握 Illustrator 中的图稿编辑方法。

1.6.1 用全局编辑方法修改设计稿

在设计图稿中，一些重要的图形，如图标、Logo等，往往会应用到文档中的不同对象上。当需要修改此类图形时，如果逐一编辑，操作起来比较麻烦。采用全局编辑的方法，一次就能修改所有图形，让工作变得简单、高效，如图1-104所示。

图1-105　　　　　　　　图1-106

② 使用选择工具 ▶ 在Logo上单击并将其选取，如图1-107所示，按住Alt键并拖曳进行复制，如图1-108所示。

图1-104

① 按Ctrl+O快捷键，打开"打开"对话框后，选择本实例的素材，如图1-105所示，按Enter键将其打开，如图1-106所示。

图1-107　　　　　　　　图1-108

③ 单击其中一个Logo（不能选择多个对象，否则全局编辑不起作用），如图1-109所示。执行"选择"|"启动全局编辑"命令，此时另外两个Logo上会显示蓝色的选框，如图1-110所示。

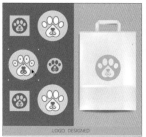 

图1-109　　　　　　图1-110

04 执行"效果"|"风格化"|"投影"命令，参数设置如图1-111所示。关闭对话框后，在其他区域单击或按Esc键结束编辑，可同时为这3个Logo添加投影，如图1-112所示。

图1-111　　　　　　　　图1-112

05 下面修改主图。在猫咪图像上单击，如图1-113所示。在"窗口"菜单中打开"链接"面板。单击"重新链接"按钮 🔗 ，如图1-114所示，打开"置入"对话框，选择小狗图像，替换猫咪，效果如图1-115所示。

图1-113　　　　　　　图1-114

图1-115

1.6.2 用图像描摹功能制作名片

设计工作中经常有描摹Logo和图案(即将图像转换为矢量图形)的任务，这些工作通常较为烦琐。使用Illustrator的图像描摹功能可以解决这一难题，它能从位图中生成矢量图，快速地将照片等图片转变为矢量图稿。图1-116所示为使用此功能制作的名片。

图1-116

01 按Ctrl+N快捷键，打开"新建文档"对话框，输入名片的规格：90mm×50mm，每边留2mm出血，以确保在最终裁剪时页面上不会出现白边，模式选择CMYK，如图1-117所示。按Enter键创建文档。

02 执行"文件"|"置入"命令，打开"置入"对话框，选择素材，如图1-118所示，按Enter键关闭对话框。将光标移动到画板左上角，如图1-119所示，单击将其置入名片文档中，如图1-120所示。按Ctrl+2快捷键锁定图稿，以防止它被意外移动。

图1-117　　　　　　图1-118

图1-119　　　　　　图1-120

03 使用"置入"命令将头像素材置入名片文档中，如图1-121所示。在"控制"中单击"图像描摹"右侧的·按钮，打开下拉菜单，选择"素描图稿"选项，如图1-122所示，进行图像描摹，效果如图1-123所示。

04 单击"控制"面板中的"扩展"按钮，将图稿转换为矢量图形，如图1-124所示。

图1-121　　　　　图1-122

图1-123　　　　　图1-124

┌─────── **提示** ───────┐
对位图进行描摹后，如果希望放弃描摹但保留置入的原始图像，可以选择描摹对象，执行"对象"|"图像描摹"|"释放"命令。
└───────────────────────┘

05 在"窗口"菜单中打开"颜色"面板，将图形调整为蓝色，如图1-125和图1-126所示。

图1-125　　　　　图1-126

06 双击比例缩放工具，打开"比例缩放"对话框，将图形等比缩小，参数设置如图1-127所示。选择选择工具，将光标移动到图形上方，进行拖曳，将其拖到名片上。图1-128所示为添加签名后的效果。

图1-127　　　　　图1-128

1.7 作业与习题

本章介绍了 Illustrator 的基本使用方法。下面是课后作业和习题，有助于巩固本章所学知识。

1.7.1 课后作业：修改工作区

请按照自己的使用习惯对 Illustrator 的工作区做出调整，即关闭不常用的面板，将常用的面板摆放到顺手的位置，以方便使用，然后执行"窗口"|"工作区"|"新建工作区"命令，将当前工作区保存。这样以后不论移动还是关闭了面板，都可在"窗口"|"工作区"子菜单中找到该工作区，轻松地将所有面板恢复到原位。

1.7.2 复习题

1. 请描述位图与矢量图的特点及主要用途。

2. 如果编辑图稿时需要使用多个面板，将这些面板全部打开后会遮挡图稿，给编辑带来不便。有哪些方法可以减少面板对图稿的遮挡？

3. 创建文档时，怎样选择配置文件？

4. 什么是 Illustrator 本机格式？

5. 图稿保存为哪种文件格式便于以后修改？与 Photoshop 交换文件时，用哪几种格式更方便？

第2章
图形设计：绘图、变换和对齐

2.1 图形的创意方法

图形是一种说明性的视觉符号，是介于文字和绘画艺术之间的视觉语言形式式。人们常常将其喻为"世界语"，因为它能普遍被人们看懂。其原因在于，图形比文字更形象、更具体、更直接，甚至超越了地域和国家，无须翻译，便能实现广泛的传播。

1. 同构图形

所谓同构图形，指的是两个或两个以上的图形组合在一起，共同构成一个新图形。这个新图形并不是原图形的简单相加，而是一种超越或突变，可以造成强烈的视觉冲击力，如图2-1所示。

2. 置换同构图形

置换同构图形是将对象的某一特定元素与另一不属于其的元素进行非现实的构造（类似偷梁换柱），产生一个有新意的、奇特的图形，如图2-2所示。

3. 异影同构图形

客观物体在光的作用下，会产生与之对应的投影，如果投影产生异常的变化，呈现出与原物不同的对应物，就叫异影同构图形，如图2-3所示。

wella美发连锁店广告 图2-1　　evian矿泉水广告 图2-2　　乐高玩具广告 图2-3

4. 肖形同构图形

所谓"肖"即为相像、相似的意思。肖形同构图形是以一种或几种物形的形态去模拟另一种物形的形态，如图2-4所示。

5. 解构图形

解构图形是指将物象分割、拆解，使其化整为零，再进行重新排列组合，产生新的图形，如图2-5所示。

6. 减缺图形

减缺图形是指用单一的视觉形象去创作图形，使图形在减缺形态下，仍能充分体现其造型特点，并利用图形的缺失、不完整来强化想要突出的特征，如图2-6所示。

7. 正负图形

正负图形是指正形与负形相互借用，造成在一个大图形结构中隐含着其他小图形的情况，如图2-7所示。

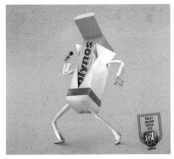

Journal of Popular 广告

图2-4

音乐厅海报：一个阉伶的故事

图2-5

法国公益广告

图2-6

二手书交换中心广告

图2-7

8. 双关图形

双关图形是指一个图形可以解读为两种不同的物形，并通过这两种物形的直接联系产生意义，传递高度简化的视觉信息，如图2-8所示。

9. 文字图形

文字图形是指分析文字的结构，进行形态的重组与变化，以点、线、面的方式让文字构成抽象或具象的有某种意义的图形，使其产生新的含义，如图2-9所示。

10. 叠加图形

将两个或多个图形以不同的形式进行叠合处理，产生不同效果的手法称为叠加，如图2-10所示。经过叠合

后的图形能彻底打破现实视觉与想象图形间的沟通障碍，让人们在对图形的理性辨识中去理解其所表现的含义。

11. 矛盾空间图形

矛盾空间图形，即违背透视原理，在一个矛盾空间中出现的、同视觉空间毫不相干的矛盾图形，如图2-11所示。

Arte & Som 音乐学院广告

图2-8

Japengo 餐厅广告

图2-9

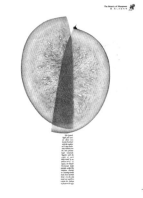

双立人刀具广告

图2-10

Pepsodent 牙刷广告

图2-11

技巧放送　矛盾空间的构成方法

矛盾空间的构成方法主要有共用面、矛盾连接、交错式幻象图和边洛斯三角形等。

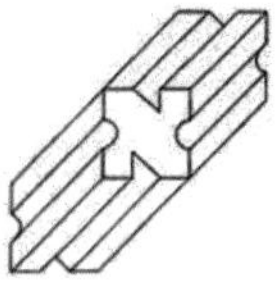

共用面 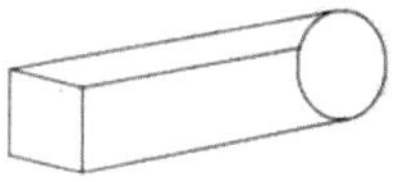　　　矛盾连接

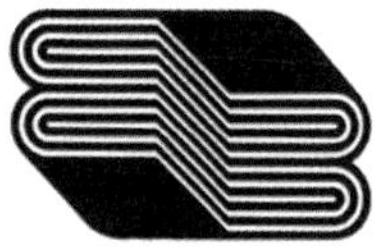

交错式幻象图 　　　边洛斯三角形

2.2 绘制基本图形

学习绘图应先从基本的矩形、圆形、多边形等入手，随着熟练程度的提高，再逐步过渡到复杂的形状。

2.2.1 绘图工具的使用方法

矩形工具■、圆角矩形工具■、椭圆工具●、多边形工具●等是 Illustrator 中最为基础的绘图工具。这些工具可以通过两种方法使用。

第一种方法：在画板上拖曳光标，创建图形并自由调整其大小。操作时光标旁边会出现提示，如图 2-12 所示（这是智能参考线的一部分），显示了当前对象的宽度、高度、角度和位置等信息，释放鼠标左键，可创建对象。默认状态下，图形类对象内部填充白色（线类对象无填充色），轮廓以黑色描边，如图 2-13 所示。

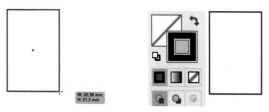

图 2-12   图 2-13

第二种方法：如果要按照精确的参数创建图形，可以在画板上单击，弹出相应的对话框后设置参数，如图 2-14 所示，然后按 Enter 键即可。

图 2-14

2.2.2 绘制矩形、圆角矩形和椭圆形

矩形工具■、圆角矩形工具■和椭圆工具●分别用于创建矩形、圆角矩形和椭圆形，如图 2-15 所示。使用矩形工具■和圆角矩形工具■时，按住 Shift 键并拖曳光标，还可创建正方形和圆形。

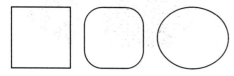

图 2-15

2.2.3 绘制多边形和星形

多边形工具●用于创建三边及三边以上的多边形图形，如图 2-16 所示。星形工具☆用于创建星状图形，操作时还可通过相应的按键调整边数和角度等。

分别为多边形、星形（按住 Shift 键）和五角形（按 Shift+Alt 快捷键）

图 2-16

2.2.4 绘制线段、弧线和螺旋线

直线段工具✏用于创建线段，如图 2-17 所示。弧形工具✏用于创建弧线，拖曳光标时，可以按 X 键切换弧线的凹凸方向，如图 2-18 和图 2-19 所示；按 C 键，可以在开放式图形与闭合图形之间切换。图 2-20 所示为创建的闭合图形。

图 2-17   图 2-18   图 2-19   图 2-20

螺旋线工具●用于创建螺旋线。在画板上单击，可以打开"螺旋线"对话框，如图 2-21 所示。"衰减"选项用来指定螺旋线的每一螺旋相对于上一螺旋应减少的量，该值越小，螺旋的间距越小，如图 2-22 和图 2-23 所示；"段数"选项决定了螺旋线路径段的

图 2-21

数量，如图2-24所示。

衰减为70%　　　　衰减为80%　　　　段数为5
图2-22　　　　　　图2-23　　　　　　图2-24

绘图工具使用技巧

●矩形工具▣：按住Alt键（光标变为╬状）并拖曳光标，会以单击点为中心开始绘制矩形；按Shift+Alt快捷键拖曳光标，会以单击点为中心开始绘制正方形。

●圆角矩形工具▣：拖曳光标时，可通过按↑键增加圆角半径直至成为圆形；按↓键则减少圆角半径直至成为方形；按←键和→键，可以在方形与圆形之间切换。

●椭圆工具◯：按住Alt键并拖曳光标，可由单击点为中心向外绘制椭圆形；按Shift+Alt快捷键，会由单击点为中心向外绘制圆形。

●多边形工具◯：拖曳光标时按↑键和↓键，可以增加和减少边数；移动光标，可以旋转图形（如果想固定图形的角度，可以按住Shift键操作）。

●星形工具☆：拖曳光标时按↑键和↓键可增加和减少星形的角点数；移动光标，可以旋转星形（如果想固定角度，可按住Shift键）；按Alt键可以调整星形拐角的角度。

●直线段工具╱：拖曳光标时按住Shift键，可以创建水平、垂直或以45°方向为增量的线段；按住Alt键，线段会以单击点为中心向两侧延伸。

●弧线工具╭：拖曳光标时按住Shift键，可以保持固定的角度；按↑键和↓键，可以调整弧线的斜率。

●螺旋线工具◎：拖曳光标时移动光标，可以旋转图形；按R键，可以调整螺旋线的方向；按Ctrl键拖曳，可以调整螺旋线的紧密程度；按↑键会增加螺旋线；按↓键则减少螺旋线。

2.2.5 编辑实时形状

使用矩形工具▣、圆角矩形工具▣、椭圆工具◯、多边形工具◯、直线段工具╱、Shape工具✔等创建的图形均为实时形状，拖曳实时形状构件，可以调整图形的宽度、高度、旋转角度、圆角半径等，如图2-25所示。

提示

单击"控制"面板中的▣按钮，可以隐藏或重新显示实时形状构件。

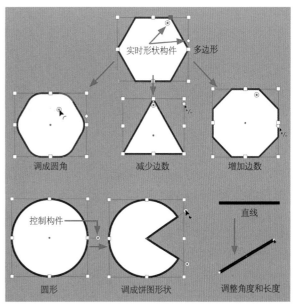

图2-25

2.2.6 绘制矩形网格

矩形网格工具▦用来创建矩形网格。拖曳光标时，按住Shift键，可以创建正方形网格；按住Alt键，会以起点为中心向外绘制网格；按F键和V键可调整网格中的水平分隔线间距；按X键和C键，可调整垂直分隔线的间距；按↑键和↓键，可以增加和减少水平分隔线；按→键和←键，可以增加和减少垂直分隔线。图2-26所示为使用快捷键创建的图形。

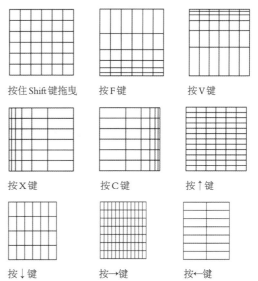

按住Shift键拖曳　　按F键　　　　按V键

按X键　　　　　　按C键　　　　　按↑键

按↓键　　　　　　按→键　　　　　按←键

图2-26

2.2.7 绘制极坐标网格

极坐标网格工具可以创建同心圆，且能在图形中添加分隔线，如图2-27所示。

图2-27

按住Shift键拖曳光标，可绘制圆形网格（按住Alt键，则以光标单击处为中心向外绘制圆形极坐标网格）；按↑键/↓键，可增加/减少同心圆；按→键/←键，可增加/减少分隔线；按X键，同心圆向网格中心聚拢；按C键，同心圆向边缘扩散；按V键/F键，分隔线向顺时针/逆时针方向聚拢。图2-28所示为使用快捷键创建的图形。

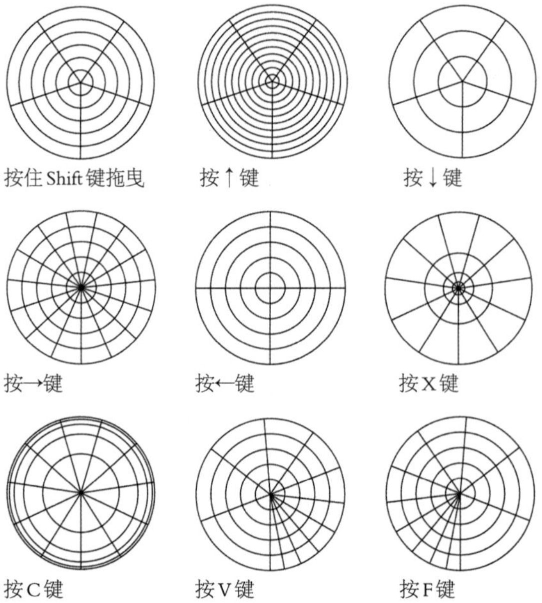

图2-28

2.3 图层、选择与编组

Illustrator中的对象只有在选取之后才能进行编辑。为便于编辑和管理，通常还会将多个选取的图形编组。本节介绍与之相关的操作方法。

2.3.1 "图层"面板

图层用于承载对象、控制其堆叠顺序、是否显示等。在Illustrator中新建文档时，会在"图层"面板中创建一个图层，如图2-29所示。开始绘图后，会自动在该图层中添加子图层，用以承载对象，如图2-30所示。此后创建的图层依次向上堆叠，如图2-31所示。

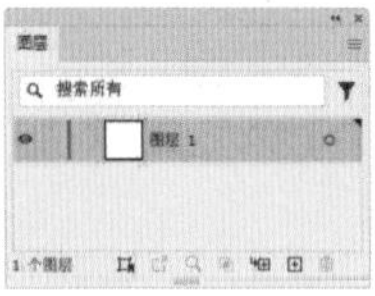
图2-29

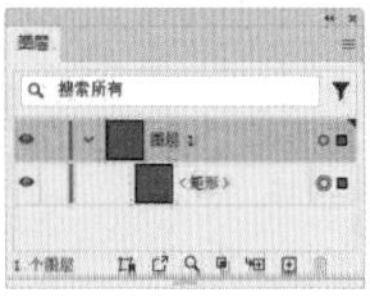
图2-30

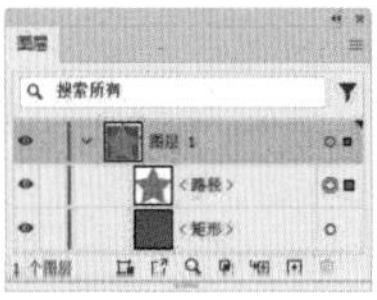
图2-31

"图层"面板中每个图层都有名称和各种标记，如图2-32所示。最左侧是眼睛图标。其右侧的颜色条标识了图层的颜色，以及当此图层中的对象被选取时其定界框的颜色。图层的缩览图显示了图层中包含的图稿内容。此外，还有图层名称、各种标记和按钮。其中被刷了底色的图层是当前图层，即当前创建的对象或被选取的对象所在的图层。

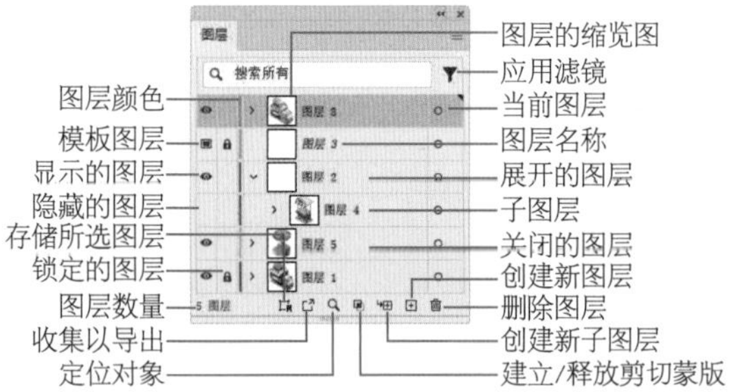

图2-32

2.3.2 图层的基本操作

下面介绍图层的编辑方法。

- 新建图层/子图层：单击"图层"面板底部的⊞按钮，可以新建一个图层，如图2-33所示。单击⊞按钮，可在当前图层中新建子图层，如图2-34所示。
- 修改名称：在图层或子图层的名称上双击，显示文本框后输入新名称，如图2-35所示，按Enter键，可以修改图层名称。

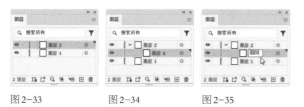

图2-33　　　图2-34　　　图2-35

- 选择图层：单击一个图层，可将其选择，如图2-36所示，所选图层称为"当前图层"。按住Ctrl键并单击多个图层，可将其一同选取，如图2-37所示。

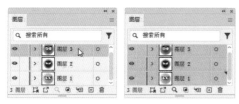

图2-36　　　　　图2-37

- 调整堆叠顺序：向上或向下拖曳图层，可以调整图层的堆叠顺序，如图2-38和图2-39所示。通过拖曳的方法，还可将一个图层或子图层移入其他图层。

图2-38

图2-39

- 隐藏/显示图层：当对象上下堆叠时，会互相遮挡，导致下方的对象不容易选择到。单击上方对象所在的子图层的眼睛图标，将对象隐藏，如图2-40所示，下方对象就容易选择了。单击图层左侧的眼睛图标，可以隐藏该图层中的所有对象，同时，这些对象的眼睛图标会变为

灰色。需要重新显示图层和子图层时，在原眼睛图标处单击即可。

图2-40

- 锁定图层：如果想保护某个对象不被选择和修改，可在其眼睛图标右侧单击，将图层锁定，如图2-41所示。需要编辑对象时，单击图标可解除锁定。

图2-41

- 删除图层和子图层：单击一个图层或子图层后，单击🗑按钮，可将其删除。此外，也可将其拖曳到🗑按钮上直接删除。

提示

关闭图层列表：单击图层前方的 ▶ 按钮关闭图层，整个图层列表会得以简化，这样也方便查找和管理对象。

2.3.3 用工具和命令选择对象

选择对象时，可以根据其属性、特点，以及操作的便利性等来决定使用哪种工具或命令。

- 使用选择工具 ▶ 选择对象：使用选择工具 ▶，将光标放在对象上方(光标变为 ▶ 状)，如图2-42所示，单击可将其选择，所选对象周围会显示定界框，如图2-43所示。

23

如果对象在同一个位置，可以拖曳出矩形选框，将选框内的所有对象一同选取，如图 2-44 所示。如果对象在不同位置，可按住 Shift 键的同时单击各对象，将其逐一选取。

图 2-42　　　　　图 2-43　　　　　图 2-44

● 基于堆叠顺序选择对象：当多个对象上下堆叠时，使用选择工具 ▶ 并按住 Ctrl 键在对象的重叠区域单击，可以选择最上方的对象，如图 2-45 所示；按住 Ctrl 键不放并重复单击操作，可以循环选中光标下方的各对象，如图 2-46 所示。

图 2-45　　　　　　　　图 2-46

● 选择相同属性的对象：双击魔棒工具 ✦，选择该工具并打开"魔棒"面板。通过它们可以同时选取具有相同特征的对象。例如，勾选"填充颜色"复选框，如图 2-47 所示，然后在一颗樱桃上单击，可以将相同颜色的樱桃一同选取，如图 2-48 所示。"容差"值决定了选择范围的大小。"容差"值越低，所选对象与单击的对象就越相似；"容差"值越高，可以选择范围越广。

图 2-47　　　　　　图 2-48

● 选择特定类型的对象：图 2-49 所示为"选择"|"对象"级联菜单，执行其中的命令，可以选择文档中某种类型的对象。

图 2-49

● 全选 / 反选：执行"选择"|"全部"命令，可以将文档中的所有对象全部选取。选择部分对象后，执行"选择"|"反向"命令，可以将之前未被选取的对象选中，而取消原有对象的选择。

● 取消选择 / 重新选择：在所选对象之外的空白处单击，可以取消选择。取消选择后，如果要恢复上一次的选择，可以执行"选择"|"重新选择"命令。

2.3.4 用"图层"面板选择对象

如果图稿中的对象较多，或相互堆叠而不易选取，可以通过"图层"面板快速、准确地选择对象。

在一个对象的选择列（即 ◎ 状图标处）单击，可以选取对象，如图 2-50 所示（选择后 ◎ 图标会变为 ◎▣ 状）。按住 Shift 键并在其他对象的选择列单击，可以将这些对象一同选取，如图 2-51 所示。

 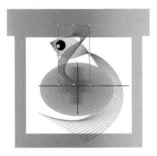

图 2-50

 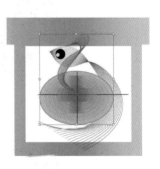

图 2-51

在图层组的选择列单击，可以选取组中的所有对象。在某个图层的选择列单击，可以选择该图层上的所有对象。

2.3.5 编组

选取多个对象，如图 2-52 所示，执行"对象"|"编组"命令（快捷键为 Ctrl+G），可将其编为一组，如图 2-53 所示。它们会被视为一个整体，可以一同进行移动、旋转、

缩放和变形等操作。图2-54所示为旋转效果。

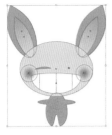

图2-52 图2-53

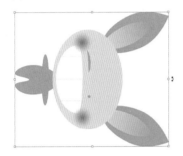

图2-54

编组后，使用选择工具▶单击组中的任意对象，都可以选择整个组，如图2-55所示。使用编组选择工具▶单击组中的对象，则可将其单独选取，如图2-56所示；双击可以选择对象所在的组。如果该组为多级嵌套结构（即组中还包含组），则每多单击一次，便会多选择一个组。

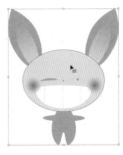

图2-55 图2-56

如果要取消编组，选择组对象，执行"对象"|"取消编组"命令（快捷键为Shift+Ctrl+G）。对于包含多个组的编组对象，需要多次执行该命令才能解散所有的组。

2.4 变换

在Illustrator中，使用变换功能可以对图稿进行移动、旋转、缩放和镜像操作等。操作时，可以拖曳图稿的定界框和控制点进行自由变换，也可双击各变换工具，打开相应的选项对话框并输入参数，进行精确变换。

2.4.1 定界框、控制点和参考点

使用选择工具▶单击对象，将其选择，对象周围会显示定界框。定界框上的小方块是控制点，如图2-57所示，拖曳控制点可进行变换操作。使用旋转工具⟳、镜像工具◁、比例缩放工具⊡和倾斜工具☞时，对象中心还会显示参考点◈，如图2-58所示。这是变换的基准点，在其他区域单击，可以改变参考点的位置。图2-59和图2-60所示分别为参考点◈在默认位置及画面左下角时的缩放效果。

提示

需要将参考点◈恢复到对象中心时，双击旋转工具⟳等变换工具，弹出对话框后，单击"取消"按钮即可。

图2-57 图2-58

图2-59 图2-60

技巧放送 修改定界框及图层颜色

所选对象位于哪个图层，其定界框就显示此图层的颜色，因此，通过定界框的颜色可以判断对象在哪一个图层上。如果要修改定界框颜色（即图层颜色），可以双击图层，打开"图层选项"对话框进行设置。

图层和定界框为蓝色　　　　双击图层，修改颜色

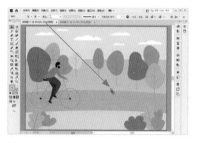

图 2-65

图 2-66

提示

如果要移动组中的对象，可以使用编组选择工具 ▶ 操作。

2.4.2 移动

使用选择工具 ▶ 拖曳对象，可将其移动，如图 2-61 和图 2-62 所示；按住 Shift 键拖曳，可沿水平、垂直或 45° 的整数倍方向移动；按住 Alt 键（光标变为 ▶ 状）拖曳，可以复制对象，如图 2-63 所示。

图 2-61　　　　图 2-62　　　　图 2-63

提示

选择对象后，按 →、←、↑、↓ 键，对象会沿相应的方向轻微移动 1 点的距离（即 0.3528mm）。如果同时按方向键和 Shift 键操作，则可移动 10 点的距离。

如果打开了多个文档，在对象上单击并按住鼠标左键不放，将光标移动到另一个文档的标题栏上，如图 2-64 所示；停留片刻，可切换到这一文档；将光标移动到画板上，如图 2-65 所示，释放鼠标左键，可以将对象拖入该文档，如图 2-66 所示。

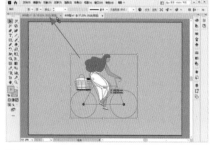

图 2-64

2.4.3 旋转

使用选择工具 ▶ 单击对象，如图 2-67 所示，将光标放在定界框外，当光标变为 ↻ 状时进行拖曳，可旋转对象，如图 2-68 所示。

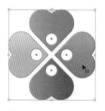
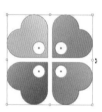

图 2-67　　　　　　　　图 2-68

选择对象后，使用旋转工具 ↻ 进行拖曳，也可以进行旋转。按住 Shift 键操作，可以将旋转角度限制为 45° 的整数倍。如果要进行小角度的旋转，在远离参考点的位置拖曳光标即可。

2.4.4 拉伸和缩放

使用选择工具 ▶ 单击对象后，如图 2-69 所示，将光标移动到定界框边角的控制点上，当光标变为 ↔、↕、↘、↗ 状时进行拖曳，可以拉伸对象；按住 Shift 键拖曳，

可进行等比缩放，如图2-70所示。

图2-69　　　　　图2-70

选择对象后，也可使用比例缩放工具拉伸对象。如果要进行等比缩放，可以按住Shift键操作。

图2-71　　　　　图2-72

2.4.5　镜像

使用选择工具▶单击对象，将光标放在定界框中央的参考点上，单击并向图形另一侧拖曳光标，可以镜像对象。

镜像操作也可使用镜像工具◁▷来完成，即选择对象后，使用镜像工具◁▷在画板上单击，指定镜像轴上的一点（不可见），如图2-71所示，释放鼠标左键，在另一处位置单击，确定镜像轴的第二个点，此时所选对象便会基于镜像轴进行翻转。此外，按住Alt键操作还可镜像复制的对象，再用透明度蒙版加以遮挡，便可制作倒影效果，如图2-72所示。按住Shift键并拖曳光标，可以将旋转角度限制为45°的整数倍。

2.4.6　在隔离模式下编辑

当需要编辑的对象周围还有其他对象时，如果想避免受到干扰，可以使用选择工具▶在对象上双击，进入隔离模式，将其他对象暂时屏蔽，如图2-73和图2-74所示。编辑完成后，单击文档窗口左上角的◁按钮、按Esc键或在画板空白处双击，可退出隔离模式。

图2-73　　　　　图2-74

2.5　对齐与分布

做版面设计、UI设计，或者想要对称或均匀地放置图形时，需要将各要素对齐。如果要素没有对齐，版面就会显得杂乱无章。下面介绍Illustrator中的对齐与分布功能。

2.5.1　标准化制图

在专业设计公司中，设计师制图十分规范，尤其是标志设计，都采用标准化制图，即借助对齐、分布等功能（如网格、参考线等辅助工具）来确定标志各元素之间的造型、比例、结构、空间和距离等关系，并标注图形的具体尺寸，如图2-75和图2-76所示。

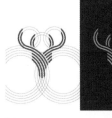

图 2-75 图 2-76

有弧度的标志通常采用圆弧角度标示法，即用正圆弧段切割而成，更精确的图稿还会标示出正确位置和圆弧的数值。排版、UI、网页等设计还会运用网格系统规范文字和图形，使版面整齐、美观。

2.5.2 标尺和参考线

参考线可以帮助用户精确地放置对象。在创建参考线前，需要执行"视图"|"标尺"|"显示标尺"命令，让标尺显示出来，如图 2-77 所示，将光标放在水平标尺或垂直标尺上，向画板中拖曳光标，可以拖出参考线，如图 2-78 所示。按住 Shift 键拖曳光标，参考线会与标尺上的刻度对齐。

图 2-77 图 2-78

提示
创建参考线后，拖曳参考线可将其移动。单击参考线后，按 Delete 键可将其删除。如果要隐藏参考线和标尺，可以执行"视图"|"参考线"|"隐藏参考线"命令和"视图"|"标尺"|"隐藏标尺"命令。

2.5.3 智能参考线

智能参考线非常有用，它能在创建图形和编辑对象时自动出现，帮助用户参照其他对象进行对齐、编辑和变换。例如，使用选择工具 ▶ 移动对象时，借助智能参考线，可以很容易地将对象与其他对象、路径和画板对齐，如图 2-79 所示。此外，进行旋转、缩放等变换操作时，光标右侧会显示相应的变换参数，这也是智能参考线的一部分。

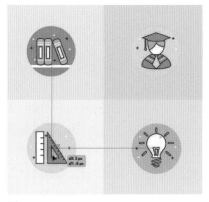

图 2-79

提示
默认状态下智能参考线会自动开启，此时"窗口"|"智能参考线"命令前方有"√"标记。如果智能参考线未开启，可执行该命令。

2.5.4 对齐与分布对象

"对齐"面板和"控制"面板中包含图 2-80 和图 2-81 所示的按钮，可进行对齐和分布操作。对齐类按钮分别是水平左对齐▌、水平居中对齐▐、水平右对齐▌、垂直顶对齐▀、垂直居中对齐▀和垂直底对齐▙。分布类按钮分别是垂直顶分布▀、垂直居中分布▀、垂直底分布▀、水平左分布▌、水平居中分布▐和水平右分布▌。

图 2-80 图 2-81

选取多个对象后，单击对齐类按钮，可以让对象沿指定的轴对齐，如图2-82所示。

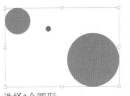

选择3个圆形

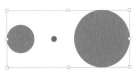

水平左对齐

水平居中对齐

垂直居中对齐

图2-82

单击分布类按钮，则对象会基于一定的规则以相同的距离均匀分布，如图2-83所示。

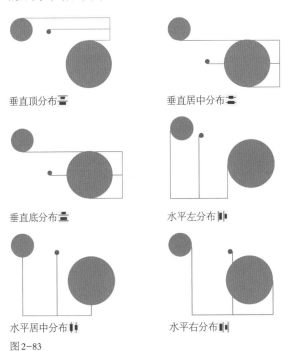

垂直顶分布

垂直居中分布

垂直底分布

水平左分布

水平居中分布

水平右分布

图2-83

2.5.5 按照设定的间距分布对象

选择多个对象后，单击"对齐"面板中的⊞按钮，打开菜单，选择"对齐关键对象"选项，如图2-84所示，然后单击关键对象，如图2-85所示，在"分布间距"选项中输入数值，如图2-86所示，单击"水平分布间距"按钮⯐。

（或"垂直分布间距"按钮⯐），可以让所选对象以关键对象为基准（即关键对象原地不动），按照设定的数值均匀分布，如图2-87所示。

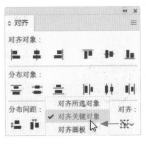

图2-84

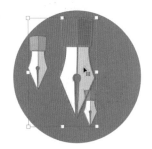

图2-85

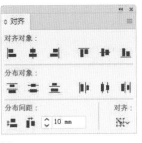

图2-86

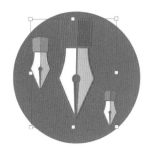

图2-87

技巧放送 基于关键对象对齐和分布

如果有一个对象处于最佳位置，可以将其作为关键对象，让其他对象与之对齐，或基于其进行分布。操作时使用选择工具▶并按住Shift键单击各对象，选取后放开Shift键，单击关键对象，其周围会出现蓝色轮廓（此时"控制"面板和"对齐"面板中会自动选取"对齐关键对象"选项），然后单击一个对齐或分布按钮即可。

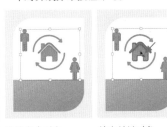

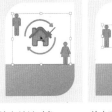

选择多个对象　　单击关键对象　　单击⯐按钮

2.5.6 排除路径宽度造成的干扰

如果路径添加了描边且粗细不同，如图2-88所示，进行对齐和分布时，描边会形成干扰，导致对象看上去并没有对齐，如图2-89所示。如遇到这种情况，可以打开

"对齐"面板菜单，执行"使用预览边界"命令，如图2-90所示，然后单击对齐和分布按钮，就能以描边的边缘为基准对齐，效果如图2-91所示。

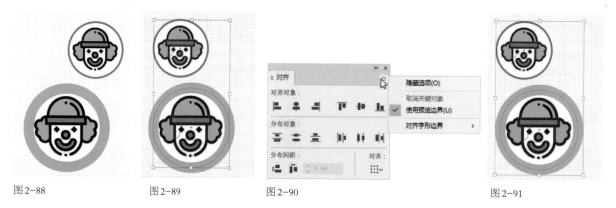

图2-88　　　　图2-89　　　　图2-90　　　　　　　　图2-91

2.6 设计与实战

本节包含7个设计实战，可以练习绘图、变换和基本上色方法。其中有两个实战用到了人工智能技术。

2.6.1 制作趣味纸牌

01 打开素材。执行"视图"|"参考线"|"显示参考线"命令，显示参考线，如图2-92所示。使用选择工具▶单击纸牌中的图案，如图2-93所示。

图2-92　　　　图2-93

02 选择旋转工具 ↻，将光标放在纸牌中心的参考线上，如图2-94所示，按住Alt键并单击，打开"旋转"对话框，设置"角度"为180°，单击"复制"按钮，旋转并复制图案，如图2-95和图2-96所示。

03 执行"视图"|"参考线"|"隐藏参考线"命令，将参考线隐藏。单击"控制"面板中的 按钮，如图2-97所示，打开"重新着色"选项卡，在"颜色库"下

拉菜单中选择"公司"选项，使用此颜色库替换图稿的颜色，如图2-98所示。在空白处单击关闭对话框，效果如图2-99所示。

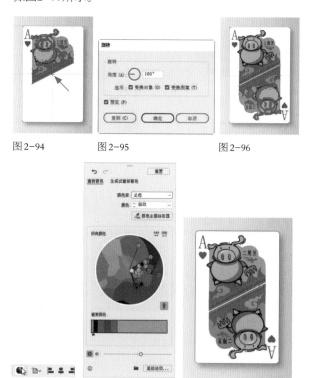

图2-94　　　　图2-95　　　　图2-96

图2-97　　　　图2-98　　　　图2-99

2.6.2 制作随机变换的纹样

Illustrator中有一个不为人知的技巧，就是绘制图形时，按住~键拖曳光标，可以复制出随机变换的图形。本实例介绍具体方法，效果如图2-100所示。

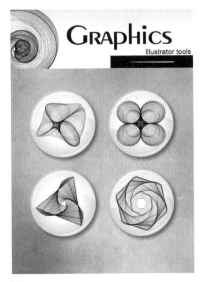

图2-100

01 选择多边形工具◎，拖曳光标创建一个六边形（可按↑键和↓键增、减边数），如图2-101所示；不要释放鼠标，按住~键，然后迅速向外侧及下方拖曳光标（光标轨迹为一条弧线），随着光标的移动会生成更多的六边形，如图2-102所示；继续拖曳光标，使光标的移动轨迹呈螺旋状向外延伸，这样就可以制作出如图2-103所示的图形。按Ctrl+G快捷键编组。在"控制"面板中设置描边粗细为0.2pt，如图2-104所示。

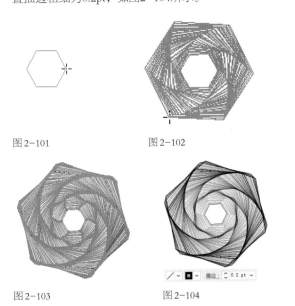

图2-101　　　　图2-102

图2-103　　　　图2-104

02 使用相同的方法制作另一种效果。选择椭圆工具◎，先创建一个椭圆形，如图2-105所示；按住~键向左上方拖曳光标，光标的移动轨迹类似菱形，可以生成如图2-106所示的图形（光标的移动速度越慢，图形越多）；再向右上方拖曳光标，如图2-107所示；然后向右下方拖曳光标，如图2-108所示；再向左下方拖曳光标，这样就回到了起点，如图2-109所示，最终效果如图2-110所示。也可以尝试用三角形、螺旋线等不同的对象制作图案。

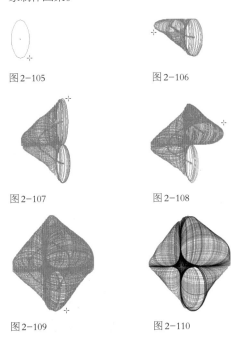

图2-105　　　　图2-106

图2-107　　　　图2-108

图2-109　　　　图2-110

2.6.3 制作开心小贴士

01 选择极坐标网格工具◉，在画板上拖曳光标，创建网格图形。拖曳过程中按←键可以减少径向分隔线，按↑键可增加同心圆分隔线，直至呈现如图2-111所示的外观。先不要释放鼠标左键，按住Shift键，让网格图形成为圆形后再释放鼠标左键。在"控制"面板中设置"描边"粗细为0.525pt，如图2-112所示。

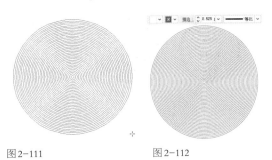

图2-111　　　　图2-112

02 单击"路径查找器"面板中的 ▣ 按钮，如图2-113所示，对图形进行分割。

图2-113

03 选择椭圆工具 ◯，按住Shift键并拖曳光标创建一个圆形。在"控制"面板中设置填充为黄色，描边颜色为黑色，描边粗细为7pt，如图2-114所示。按Ctrl+A快捷键选取这两个图形，单击"控制"面板中的 ◫ 按钮和 ◫ 按钮，让两个图形在水平和垂直方向上居中对齐，效果如图2-115所示。

图2-114   图2-115

04 按Ctrl+O快捷键，打开素材。按Ctrl+A快捷键，将图形和文字选取，按Ctrl+C快捷键复制，切换到另一个文档中，按Ctrl+V快捷键粘贴。使用选择工具 ▶ 将图形和文字拖曳到圆环上，如图2-116所示。图2-117所示为修改圆形的填充颜色制作出的几种主题的小贴示。

图2-116

图2-117

05 使用矩形网格工具 ▦ 创建网格。在拖曳的过程中按↑键以增加水平分隔线，按→键以增加垂直分隔线。在

"控制"面板中设置网格的填充颜色为黑色，描边颜色为深灰色，如图2-118所示。按Shift+Ctrl+[快捷键，将网格图形移至底层作为背景，如图2-119所示。

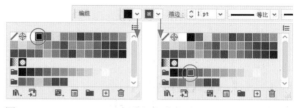

图2-118

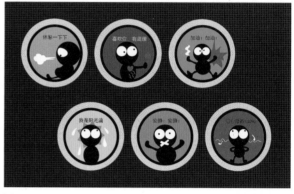

图2-119

2.6.4 制作一组线状艺术图形

本实例使用Illustrator中的"变换"效果制作艺术图形。"变换"效果能将移动、旋转、缩放和复制同时应用于对象，并且具备可修改参数、可删除等特点。

01 按Ctrl+N快捷键，打开"新建文档"对话框，使用"移动设备"选项卡中的预设创建一个iPad屏幕大小的RGB模式文件，如图2-120所示。选择矩形工具 ▣，创建一个与画板大小相同的矩形。在"控制"面板中设置填充颜色为黑色，无描边，如图2-121所示。在眼睛图标 ◉ 右侧单击，将矩形锁定，如图2-122所示。

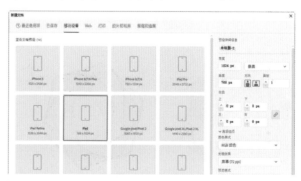

图2-120

图2-121　　　　图2-122

⓪② 选择椭圆工具 ◯，在画板上单击，打开"椭圆"对话框，参数设置如图2-123所示，创建一个圆形。执行"窗口"|"色板库"|"渐变"|"季节"命令，打开"季节"面板。在工具栏的描边属性上单击，将描边设置为当前编辑状态，如图2-124所示。单击图2-125所示的渐变，用渐变颜色描边，然后在"控制"面板中设置描边粗细为1pt，无填色，如图2-126和图2-127所示。

图2-123　　　　图2-124　　图2-125

图2-126　　　　　　图2-127

⓪③ 执行"效果"|"扭曲和变换"|"变换"命令，打开"变换效果"对话框，设置"移动""旋转"的参数，勾选"缩放描边和效果"复选框，将"副本"设置为30，如图2-128所示，图形效果如图2-129所示。

图2-128　　　　图2-129

⓪④ 使用选择工具 ▶ 并按住Alt键拖曳圆形进行复制。双击"外观"面板中的"变换"属性，如图2-130所示，打开"变换效果"对话框修改参数，如图2-131和图2-132所示。

图2-130

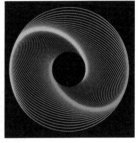

图2-131　　　　　　图2-132

⓪⑤ 选择多边形工具 ◯。在画板上单击，打开"多边形"对话框，参数设置如图2-133所示，创建一个三角形（它会自动添加渐变描边），如图2-134所示。

图2-133　　　　　图2-134

⓪⑥ 执行"效果"|"扭曲和变换"|"变换"命令，打开"变换效果"对话框，参数设置如图2-135所示。图形效果如图2-136所示。

图2-135　　　　图2-136

07 使用选择工具 ▶ 按住Alt键并拖曳图形进行复制。选择直接选择工具 ▶，将光标放在实时转角构件上，如图2-137所示，拖曳光标，将尖角改成圆角，如图2-138所示。

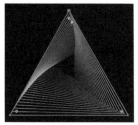 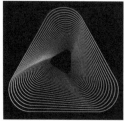

图2-137　　　　　　图2-138

08 选择多边形工具 ⬡，在画板上单击，创建一个六边形，如图2-139和图2-140所示。

图2-139　　　　　　图2-140

09 将光标放在右上角控制点外侧，如图2-141所示，单击，然后按住Shift键并拖曳控制点，将图形旋转，如图2-142所示。

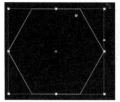

图2-141　　　　　　图2-142

10 执行"效果"|"变换"命令，对图形进行变换处理，如图2-143和图2-144所示。

 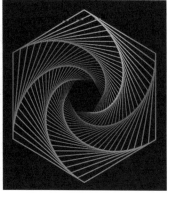

图2-143　　　　　　图2-144

11 使用选择工具 ▶ 并按住Alt键拖曳图形进行复制。选择直接选择工具 ▶，将光标放在实时转角构件上并拖曳光标，将尖角调成圆角，如图2-145和图2-146所示。

图2-145　　　　　　图2-146

12 选择星形工具 ☆，在画板上单击，打开"星形"对话框，创建星形图形，如图2-147和图2-148所示。使用"变换效果"编辑图形，如图2-149和图2-150所示。

图2-147　　　　　　图2-148

图2-149　　　　　　图2-150

13 使用直接选择工具 ▶ 拖曳实时转角构件，修改图形的边角，如图2-151和图2-152所示。

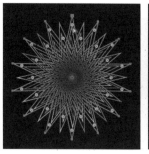 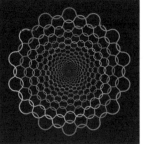

图2-151　　　　　　图2-152

2.6.5 制作创意条码签

本实例使用绘图工具制作条码签，如图2-153所示。

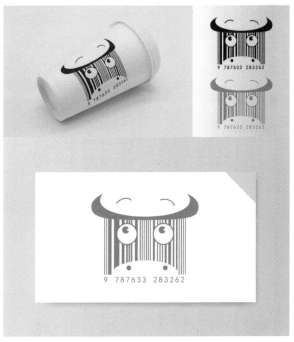

图2-153

① 使用矩形工具▣创建一个矩形。单击"控制"面板中的✓按钮打开下拉面板，将填充颜色设置为黑色，无描边，如图2-154和图2-155所示。选择选择工具▶，按住Alt+Shift快捷键沿水平方向拖曳图形，进行复制，如图2-156所示。按Ctrl+D快捷键再复制出一个图形，拖曳控制点，调整宽度，如图2-157所示。

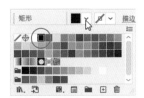

图2-154　图2-155　　　　图2-156　图2-157

② 使用相同的方法制作出一组矩形，如图2-158所示。选择椭圆工具◯，创建椭圆形。在"控制"面板中设置填充颜色为白色，无描边，如图2-159所示。

图2-158　　　　图2-159

③ 按住Shift键拖曳光标，创建一个圆形，作为小牛的眼睛。设置填充颜色为白色，描边颜色为黑色，描边粗细为1pt，如图2-160所示。再创建一个圆形作为小牛鼻孔，填充黑色，无描边，如图2-161所示。

图2-160　　　　　　图2-161

④ 创建一个圆形，如图2-162所示。将光标移动到形状构件上，拖曳形状构件，将圆形调出一个缺口，如图2-163和图2-164所示。

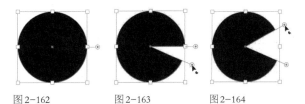

图2-162　　　图2-163　　　图2-164

⑤ 将其拖曳到条码上，作为小牛的眼珠，如图2-165所示。使用选择工具▶的同时按住Ctrl键并单击眼睛和鼻孔图形，将其选取，如图2-166所示；按住Shift+Alt快捷键并沿水平方向拖曳，进行复制，如图2-167所示。

图2-165　　　图2-166　　　图2-167

⑥ 使用椭圆工具◯创建两个椭圆形，设置填充颜色为白色，描边颜色为黑色，如图2-168所示。使用选择工具▶将其选取，单击"路径查找器"面板中的▣按钮，得到牛角状图形，设置填充颜色为黑色，无描边，如图2-169所示，使用选择工具▶将其拖曳到条码上方。

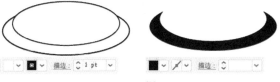

图2-168　　　　　　图2-169

⑦ 使用弧形工具╱创建一条弧线作为眼眉，如图2-170所示。按住Ctrl键（临时切换为选择工具▶并显示定界框），在定界框外拖曳，旋转弧线，如图2-171所示。

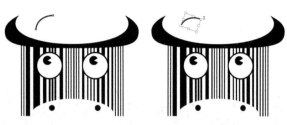

图2-170　　　　　　　图2-171

08 保持眼眉的选取状态。选择镜像工具，将光标放在牛角路径上，并沿路径移动，当移动到路径中心时会显示"锚点"二字，如图2-172示；此时按住Alt键并单击，弹出"镜像"对话框，选中"垂直"单选按钮，单击"复制"按钮，如图2-173所示，在右侧对称位置复制出一条弧线，如图2-174所示。

图2-172　　　图2-173　　　图2-174

09 选择文字工具 **T**。打开"字符"面板，选择"黑体"字体，设置大小为9.5pt，如图2-175所示，在条码底部输入一行数字，如图2-176所示。

图2-175　　　　　图2-176

2.6.6 用人工智能生成萌猫图标

本实例使用Illustrator 2024中的生成式人工智能（Adobe Firefly）技术制作萌猫图标。

01 新建一个文档。使用矩形工具创建一个矩形。执行"窗口"|"文字生成图形（Beta）"命令，打开"文字生成图形（Beta）"面板，在"文字"下拉列表中选择"图标"选项，输入提示词，如图2-177所示，单击"生成（Beta）"按钮。生成图形后，"文字生成图形（Beta）"面板的"变体"选项下方会显示另外两种结果以供用户选择，如图2-178所示。单击第3个图标。

图2-177　　　　　　　图2-178

02 使用编组选择工具单击猫咪下巴下方的图形，如图2-179所示，按Delete键删除，效果如图2-180所示。

图2-179　　　　　　　图2-180

03 使用选择工具单击猫咪图标，在"窗口"菜单中打开"模型（Beta）"面板，单击"模型"按钮，如图2-181所示，这样就能让图标作为模型在各种对象上展示。例如，可以在"模型（Beta）"面板的下拉列表中选择"包装"选项，然后将光标移动到咖啡杯上，并单击按钮，如图2-182所示，图稿会出现在画布上，此时可对其进行编辑，例如，移动、旋转或缩放图稿，如图2-183所示。

图2-181

图2-186　　　　　　　　图2-187

03 执行"编辑"｜"编辑颜色"｜"重新着色图稿"命令，打开相应的对话框后，单击"生成式重新着色"选项卡并选择一种上色方案，如图2-188~图2-190所示。

图2-182　　　　　　图2-183

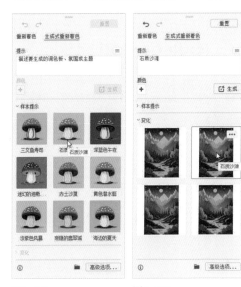

2.6.7 基于人工智能的生成式上色

01 按Ctrl+N快捷键，新建一个A4大小的文档，如图2-184所示。使用矩形工具创建一个矩形，如图2-185所示。

图2-188　　　　　　　图2-189

图2-184

图2-185

02 在"文字生成图形（Beta）"面板的"文字"下拉列表中选择"场景"选项，输入提示词，如图2-186所示，单击"生成（Beta）"按钮生成图稿，如图2-187所示。"文字生成图形（Beta）"面板的"变体"选项下方还会提供两种效果。

图2-190

④ 如果想生成某种特殊的色彩效果，也可以输入提示词，例如输入fluorescence，可生成荧光色的色彩氛围，如图2-191~图2-194所示。

图2-191　　　　　图2-192　　　　　图2-193　　　　　图2-194

2.7 作业与习题

　　本章介绍了怎样在 Illustrator 中绘制简单的几何图形，以及如何利用变换方法制作特效。下面是课后作业和习题，有助于读者巩固本章所学知识。

2.7.1 课后作业：几何形纹样

　　进行变换操作后，执行"对象"|"变换"|"再次变换"命令（快捷键为 Ctrl+D），可以再一次应用相同的变换。对这个方法加以改变，可以快速生成几何形纹样，如图2-195所示。

　　制作这个纹样时，先使用极坐标网格工具❀在画板中单击，弹出"极坐标网格工具选项"对话框后设置参数，创建网格图形，如图2-196和图2-197所示。选择旋转工具↻，将光标放在网格图形的底边，如图2-198所示，按住 Alt 键并单击，弹出"旋转"对话框，设置"角度"为45°，单击"复制"按钮，旋转并复制图形。关闭对话框，然后连续按 Ctrl+D 快捷键即可。如有不清楚的地方，可以看一看教学视频。

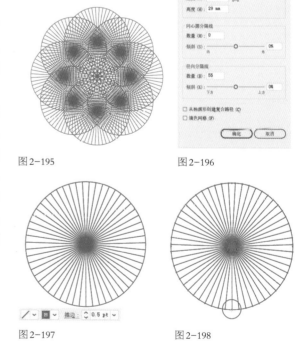

图2-195　　　　　　　　　　图2-196

图2-197　　　　　　　　　　图2-198

"再次变换"命令与不透明度和混合模式结合使用，可以让各图形相互叠透，如图2-199所示。该效果的制作方法与前一个花纹有所不同。操作时先使用椭圆工具◯创建一个圆形，如图2-200所示，然后在"透明度"面板中调整不透明度和混合模式，如图2-201所示，再使用"分别变换"命令复制图形，当图形堆叠在一起时，就会呈现特殊的叠加效果。还可以修改花纹颜色，如图2-202所示。

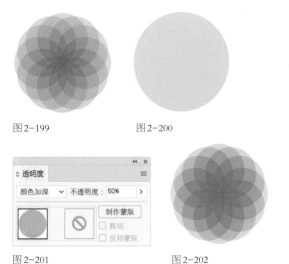

图2-199   图2-200

图2-201   图2-202

2.7.2 课后作业：妙手生花

执行"对象"|"变换"|"分别变换"命令可以对所选对象同时进行移动、旋转和缩放，并可复制对象。这种方法在制作特效时比较常用。"分别变换"命令也常与效果配合使用，打开如图2-203所示的素材，将其选取后使用"分别变换"命令进行旋转及缩小，然后连续按Ctrl+D快捷键，就能得到一个完整的花朵图形，如图2-204 ～图2-206所示。对其应用效果，还可以制作出其他样式的花朵，如图2-207～图2-210所示。

图2-203

图2-204

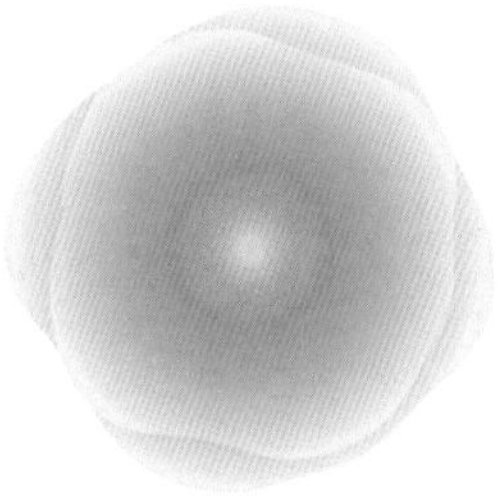

图2-205 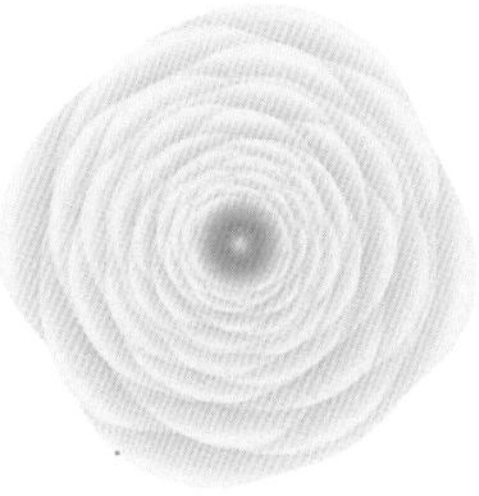   图2-206

图2-207

图2-208

图2-209   图2-210

2.7.3 复习题

1. 图层与子图层是怎样的关系？

2. 如果一个对象位于其他对象下方并被完全遮挡，该如何选择它？

3. 怎样在不解散组的情况下选取组中的对象？

4. 请说明定界框、控制点、中心点和参考点的用途。

5. 怎样操作才能让对象按照指定的距离移动，基于设定的角度旋转，或者以精确的比例缩放？

第3章
色彩设计：填色与描边

3.1 配色技巧

色彩在设计中举足轻重，要想有效地运用色彩，以及从无限多的色彩中搭配出完美协调的颜色，需要遵循能够让颜色显得协调的规则。

3.1.1 和谐的配色

德国心理学家费希纳提出，"美是复杂中的秩序"。和谐的配色便具备这样的特点——能够让多种颜色有秩序而协调地组合，其基本原则是色调统一或色相差别小，如图3-1～图3-4所示。例如，同类色和邻近色由于色相差别小，具有天然的统一感，能使人产生愉悦、舒适的感觉。由于色调接近或色相差别小，颜色的强弱区分不明显、不易辨识，所以颜色要有足够的亮度差别，这是需要注意的。

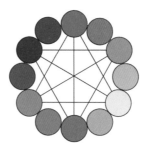
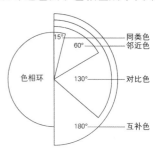

12色色相环及色相环对比基调示意图
图3-1

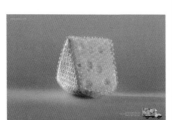

颜色和谐的近似色搭配
图3-2

轻柔明亮的配色
图3-3

明度一致的配色
图3-4

3.1.2 色彩的对比现象

古希腊哲学家柏拉图认为，"美是变化中表现统一"。色彩过于协调，就会缺少变化，很难给人留下深刻印象。要想让色彩醒目，需要运用对比的手法。

色彩对比是指将一种颜色放在其他颜色上，受到周围颜色的影响，使其看起来像发生了明显的改变。例如，橙色放在红色上，看起来就会偏黄；放在黄色上，又显得偏红，如图3-5所示（色相对比）。将蓝色放在饱和度更低的蓝色上，它看上去会更加鲜艳；放在饱和度高的蓝色上，则会显得黯淡一些，如图3-6所示（明度对比）。此外，色相环上的邻近色对比、对比色对比、互补色对比等也能产生对比效果，如图3-7~图3-9所示。

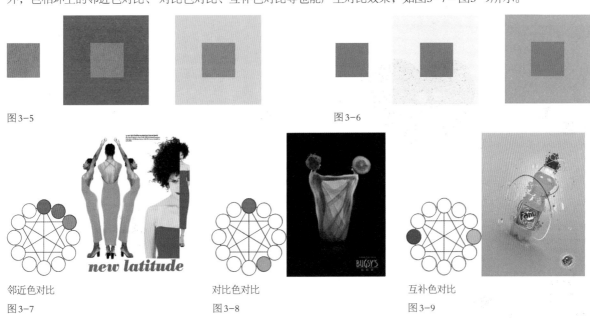

图3-5

图3-6

邻近色对比

图3-7

对比色对比

图3-8

互补色对比

图3-9

> **提示**
>
> 色彩对比包括色相对比、明度对比、饱和度对比和面积对比。色相对比是把不同色相的色彩组合在一起，对比强弱取决于颜色在色相环上的位置。明度对比是通过增强色彩的明度差异来提高图形的辨识度以及文字的可读性，设计商标、图标、Logo时常用这种手法。饱和度高的颜色更容易吸引人的目光，给人带来欢快的感觉；饱和度低的颜色会让人产生怀旧感和平和的情感。通过饱和度对比，可以为设计内容添加戏剧性。面积对比是指色与色之间大与小或多与少的对比，大面积的色彩稳定性较高，对视觉的刺激力强，反之则较弱。

3.2 填色与描边选项

矢量图形如果不进行填色或描边，在未被选取的状态下，就会"隐身"，无法观看和打印。此外，通过填色和描边，也可以制作特效。

3.2.1 设置填色和描边

填色就是在矢量图形内部填充颜色、渐变或图案。描边则是用以上3种对象中的一种描绘图形的轮廓。

填色时，先选取对象，如图3-10所示，然后单击工具栏，如图3-11所示，或"色板""颜色""渐变"等面板中的 图标，将填色设置为当前可编辑状态，之后在"控制""颜色""色板"和"渐变"面板中设置填色内容即可。图3-12所示是为图形填充图案的效果。

图3-10

图3-11

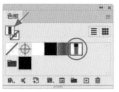
图3-12

为图形添加描边时，需要将描边设置为当前可编辑状态，如图3-13所示，再添加描边内容。图3-14所示为用渐变色描边路径。

图3-13

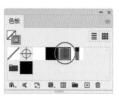
图3-14

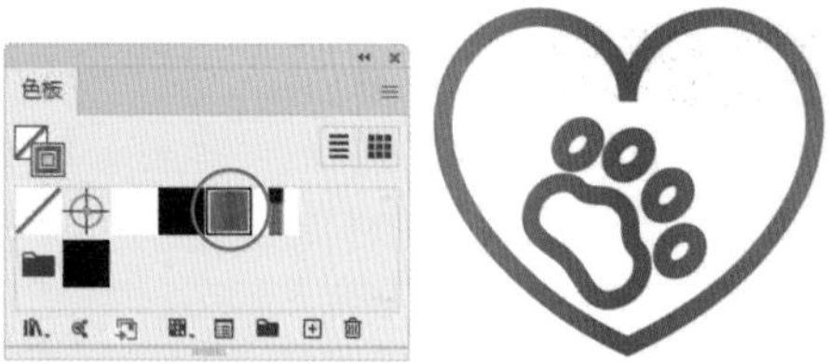

3.2.2 切换/删除/恢复填色与描边

选取对象后，如图3-15所示，单击工具栏中的 按钮，可以互换填色和描边，如图3-16所示。单击□按钮或■按钮，可以使用纯色或渐变色进行填色和描边。单击☑按钮，可删除填色或描边，如图3-17所示。单击 按钮，可以使用默认的白色和黑色进行填色和描边，如图3-18所示。

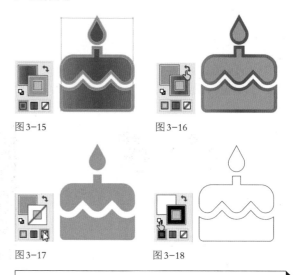
图3-15 图3-16

图3-17 图3-18

> **提示**
> 按X键，可以将填色或描边切换为当前可编辑状态。按Shift+X快捷键，可以互换填色和描边。

3.3 设置颜色

在 Illustrator 中，除填色和描边会使用颜色外，添加渐变、进行实时上色、重新为图稿着色时也需要设置颜色和修改颜色。

3.3.1 "色板"面板

"色板"面板中包含了 Illustrator 预置的颜色、渐变和图案，如图3-19所示，它们统称为"色板"。

选取对象，如图3-20所示，在"色板"面板中将填色或描边设置为当前可编辑状态，然后单击一个色板，即

可将其应用于所选对象，如图3-21所示。单击"色板"面板底部的 按钮，可以将当前所选对象的填色或描边保存到"色板"面板中。如果想删除某个色板，将其拖曳到 按钮上即可。单击 按钮打开下拉菜单，可以选择Illustrator提供的各种颜色、渐变和图案库并打开相应的面板。打开面板后，单击其底部的◀按钮和▶按钮，可以

切换到相邻的色板库。

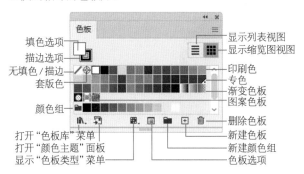

填色选项
描边选项
无填色/描边
套版色
颜色组

色板
显示列表视图
显示缩览图视图
印刷色
专色
渐变色板
图案色板
删除色板
打开"色板库"菜单
打开"颜色主题"面板
显示"色板类型"菜单
新建色板
新建颜色组
色板选项

图3-19

图3-20

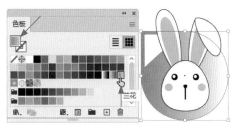

色板

图3-21

3.3.2 "颜色"面板

"颜色"面板与调色盘类似，可通过混合颜色的方法调配颜色。该面板中包含了与工具栏相同的颜色设置组件，如图3-22所示。

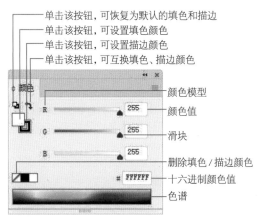

单击该按钮，可恢复为默认的填色和描边
单击该按钮，可设置填色颜色
单击该按钮，可设置描边颜色
单击该按钮，可互换填色、描边颜色

颜色
颜色模型
颜色值
滑块
删除填色/描边颜色
十六进制颜色值
色谱

图3-22

选取对象，如图3-23所示，在"颜色"面板中将填色或描边设置为当前可编辑状态，然后拖曳滑块，可为其上色或修改当前的颜色，如图3-24所示。

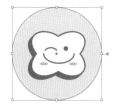

图3-23

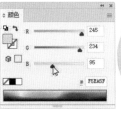 

图3-24

按住Shift键拖曳一个滑块，可同时移动与之关联的其他滑块（HSB滑块除外），通过这种方法可以将颜色调浅（或调深），如图3-25所示。

图3-25

如果知道所需颜色的色值，可以在文本框中单击并输入数值，然后按Enter键精确定义颜色。在色谱上拖曳光标可动态地采集颜色。

3.3.3 色彩三要素与HSB颜色模型

色彩包含三个要素，即色相、明度和饱和度。图3-26所示为色彩三要素变化对颜色产生的影响。

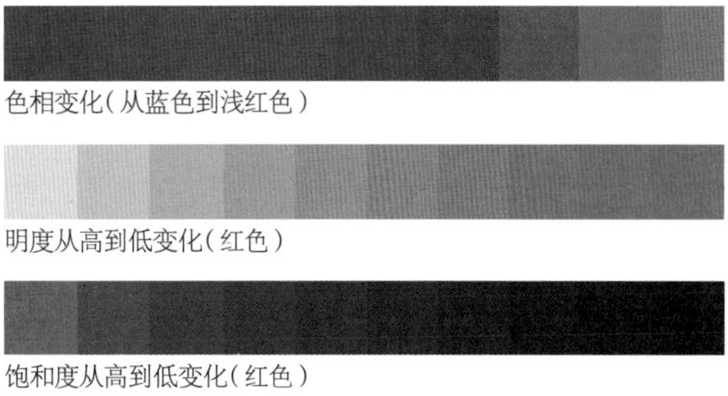

色相变化（从蓝色到浅红色）

明度从高到低变化（红色）

饱和度从高到低变化（红色）

图3-26

色相指色彩的相貌，如红色、橙色、黄色等；明度指色彩的明亮程度，明度越高，越接近白色；饱和度指色彩的鲜艳程度，饱和度最高的色彩没有混杂其他颜色，称为纯色。

计算机中的色彩由颜色模型生成。其中的HSB颜色模型以人类对颜色的感觉为基础描述了色彩的这3种基本特性。使用"颜色"面板设置颜色时，如果在HSB颜色模型下操作，可以对色相、明度和饱和度进行单独调整，如图3-27～图3-29所示。

在"颜色"面板菜单中选取HSB模型并将颜色调整为红色

图3-27

 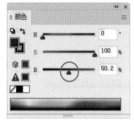

调整红色的明度　　　　　调整红色的饱和度

图3-28　　　　　　　　图3-29

3.3.4 光的三原色与RGB颜色模型

人的眼睛之所以能看到色彩，是因为有光，没有光的地方漆黑一片，不存在颜色。

1666年物理学家牛顿用分解太阳光的色散实验，证明了阳光（白光）由一组单色光混合而成。红（Red）、绿（Green）、蓝（Blue）是光的三原色，这三种色光混合可以生成其他颜色。图3-30所示为RGB模型呈现颜色的方法，也称加色混合。能发光的对象，如舞台灯光、霓虹灯、幻灯片、显示器、手机屏幕、电视机等都采用这种方法显示颜色。

在RGB颜色模型中，数值代表的是红（R）、绿（G）、蓝（B）3种光的强度，如图3-31和图3-32所示。3种光最强时生成白色（数值均为255）；3种光强度相同时（除0和255）可得到纯灰色（无彩色）；3种光全都关闭（数值

均为0）时生成黑色。

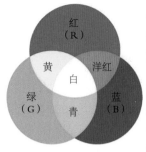

青：由绿、蓝混合而成
洋红：由红、蓝混合而成
黄：由红、绿混合而成

R、G、B 3种色光的取值范围都是0~255。R、G、B均为0时生成黑色。R、G、B都达到最大值（255）时生成白色

色光混合原理（RGB颜色模型）

图3-30

红光最强，其他两种光关闭　红光+绿光生成黄色

图3-31　　　　　　　　图3-32

技巧放送 警告信息

使用RGB和HSB颜色模型设置颜色时，如果颜色超出了CMYK颜色模式的色域范围，会显示溢色警告▲。单击该警告右侧的小方块，可以将颜色替换为CMYK色域中与其最为接近的颜色（即印刷色）。如果颜色超出了Web安全颜色的色域范围，则不能在浏览器上正确显示，此时会显示超出Web颜色的警告⬡。单击其右侧的颜色块，可以用颜色块中的颜色（与当前颜色最为接近的Web 安全颜色）替换当前颜色。

超出Web颜色警告

溢色警告

3.3.5 减色混合与CMYK颜色模型

在我们生活的世界里，通过发光呈现颜色的只是少数，其他对象必须经太阳光或照明设备照射之后，将一部分波长的光吸收，再将余下的光反射到人眼中，才能被人看到。这种现象称为减色混合，也是CMYK颜色模型生成色彩的原理，如图3-33所示。

提示

CMYK是指用青色（Cyan）、洋红色（Magenta）、黄色（Yellow）和黑色（Black）油墨混合来调配颜色的印刷模式。

油墨混合原理（CMYK 颜色模型）

图3-33

红：由洋红、黄混合而成

绿：由青、黄混合而成

蓝：由青、洋红混合而成

例如，青色和黄色油墨混合成绿色油墨以后，会将红光和蓝光吸收，只反射绿光，这样就能在纸上看到绿色，如图3-34所示。由于纯度达不到理论上的最佳状态，青色、洋红色、黄色油墨无法混合出纯黑色，因此，黑色要用黑色油墨才能印出来。

在CMYK颜色模型下调色时，数值的百分比越低，油墨的颜色越浅，因此，所有油墨值为0%时，可以生成白色。由于油墨提纯技术限制，油墨值全部为100%并不能生成纯黑色，只有K值为100%而其他值为0%时才能生成纯黑色。K值还可用于调整颜色深浅，例如，选取

青色，如图3-35所示，增加黑色可以得到深青色，如图3-36所示。

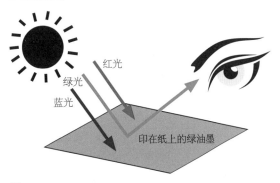

图3-34

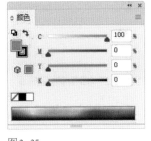 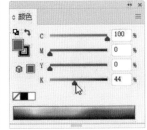

图3-35　　　　图3-36

3.4 设置描边

为对象添加描边后，可以在"描边"面板中设置描边的粗细、对齐方式、端点类型和边角样式等属性。

3.4.1 "描边"面板

图3-37所示为"描边"面板。

● 粗细：用来设置描边粗细。

● 端点：设置开放式路径两个端点的形状，如图3-38所示。单击"平头端点"按钮，路径在终端锚点处结束（适合对齐路径）；单击"圆头端点"按钮，路径末端呈半圆形；单击"方头端点"按钮，描边向外延长至描边"粗细"值一

图3-37

半的距离结束。

平头端点　　　圆头端点　　　方头端点

图3-38

● 边角/限制：用来设置直线路径中边角的连接方式，包括"斜接连接"按钮、"圆角连接"按钮、"斜角连接"按钮，如图3-39所示。使用斜接方式时，还可通过"限制"选项设置在何种情况下由"斜接连接"切换成"斜角连接"。

斜接连接　　　　圆角连接　　　　斜角连接

图3-39

- 对齐描边：为封闭的路径添加描边时，可设置描边与路径对齐的方式，包括"使描边居中对齐"按钮 ▣、"使描边内侧对齐"按钮 ▣、"使描边外侧对齐"按钮 ▣，如图3-40所示。

使描边居中对齐　　使描边内侧对齐　　使描边外侧对齐

图3-40

- 配置文件：如果想让描边的粗细发生改变，可以选择一个配置文件，然后单击 ▣ 按钮，描边会纵向翻转，单击 ▣ 按钮，可以进行横向翻转。

3.4.2 用虚线描边

选取路径，如图3-41所示，勾选"描边"面板中的"虚线"复选框，并在"虚线"文本框中设置线段的长度，在"间隙"文本框中设置线段的间距。如图3-42所示，可以创建虚线描边。

图3-41

图3-42

单击 ▣ 按钮，可创建方形端点的虚线，如图3-43所示；单击 ▣ 按钮，可创建圆形虚线，如图3-44所示；单击 ▣ 按钮，可以扩展虚线的端点，如图3-45所示。单击"虚线"选项右侧的 ▣ 按钮，可以让虚线的间隙以选项中设置的参数为准；单击 ▣ 按钮，则会自动调整虚线长度，使其与边角及路径的端点对齐。

图3-43　　　　　图3-44　　　　　图3-45

3.4.3 为路径端点添加箭头

对路径进行描边后，可以在"箭头"选项中为路径的起点和终点添加箭头，效果如图3-46所示。单击 ▣ 按钮，箭头会超出路径的末端，如图3-47所示。如果想将其放置于路径的终点，可单击 ▣ 按钮，如图3-48所示。如果箭头过大或太小，可以通过"缩放"选项进行调整。单击 ▣ 按钮，可互换路径起点和终点箭头。如果要删除箭头，可以在"箭头"下拉菜单中选择"无"选项。

图3-46

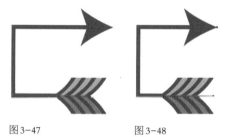

图3-47　　　　　图3-48

3.4.4 自由调整描边粗细

使用宽度工具 ▣ 可以自由调整描边宽度，让描边呈现粗细变化。选择该工具后，将光标放在路径上，如图3-49所示，拖曳光标可将描边拉宽或调细，如图3-50和

图3-51所示。操作时，路径上会自动添加宽度点。拖曳宽度点，可以移动其位置，如图3-52所示。按住Alt键并拖曳宽度点，可对路径进行非对称调整，即调整一侧描边时不会影响另一侧。如果要删除宽度点，按Delete键即可。

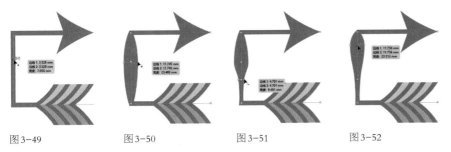

图3-49　　　　　　图3-50　　　　　　图3-51　　　　　　图3-52

3.5 设计与实战

本节包含3个设计实战，即制作邮票齿孔效果、制作时尚书签和纸艺家居。通过实战可以学习描边和填色在设计工作中的应用，以及如何用它们制作效果。

3.5.1 制作邮票齿孔效果

本实例通过为矩形添加虚线描边制作邮票齿孔效果，如图3-53所示。

图3-53

01 按Ctrl+N快捷键，打开"新建文档"对话框，单击"打印"选项卡，使用其中的预设创建一个A4大小的文档。选择矩形工具 ▣，创建一个与画板大小相同的矩形，设置填充颜色为蓝色，如图3-54和图3-55所示。

02 在画板上单击，弹出"矩形"对话框，参数设置如图3-56所示，单击"确定"按钮创建一个矩形。设置填充颜色为白色，描边粗细为18pt，描边颜色与背景色相

同，如图3-57所示。

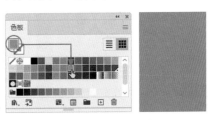

图3-54　　　　　　　　　图3-55

图3-56　　　　　　　　　图3-57

03 单击"描边"面板中的"圆头端点"按钮 ⬤，勾选"虚线"复选框并设置"间隙"值，生成邮票状齿孔，如图3-58和图3-59所示。

图3-58　　　　　　　　　图3-59

04 当前状态下齿孔并不均匀，有些地方不太完整，如图3-60所示。单击 **[ ]** 按钮，如图3-61所示，Illustrator会自动调整齿孔间距，让边角与路径的端点对齐，这样齿孔就完整了，如图3-62所示。

图3-60   图3-61   图3-62

05 打开素材，如图3-63所示，这是本书的一个实例。使用选择工具 ▶ 单击图形，之后将其拖曳到上一个文档中，也可按Ctrl+C快捷键复制，切换文档后，按Ctrl+V快捷键粘贴，效果如图3-64所示。

图3-63   图3-64

3.5.2 使用外部色板制作时尚书签

01 新建一个文档。执行"窗口"|"色板库"|"其他库"命令，打开本实例的素材，如图3-65所示，其色板会自动加载到一个新的面板中。使用矩形工具 ▢ 创建矩形，用图3-66所示的浅绿色进行填充，效果如图3-67所示。下面绘制的其他图形使用的色板都来源于该面板。

图3-65   图3-66   图3-67

02 使用圆角矩形工具 ▢ 创建一个白色的圆角矩形（可按 ↑ 键和 ↓ 键调整圆角），如图3-68所示。使用矩形网

工具 ▦ 创建网格图形，拖曳光标并按 ← 键，删除垂直网格线；按 ↑ 键，增加水平网格线。在"控制"面板中修改描边粗细和颜色，如图3-69所示。

图3-68   图3-69

03 使用极坐标网格工具 ◉ 创建一个极坐标网格，拖曳光标并按 ↓ 键，将同心圆全都删除；按 → 键，增加分隔线。设置填充颜色为蓝色，如图3-70所示，在其下方再创建一个极坐标网格图形，填充绿色，如图3-71所示。

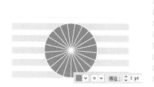

图3-70   图3-71

04 选择钢笔工具 ✐，绘制水滴状图形，无描边。将填色设置为当前可编辑状态，如图3-72所示，单击如图3-73所示的渐变色板，为图形填充线性渐变，如图3-74所示。选择椭圆工具 ◯，按住Shift键并拖曳光标，创建两个圆形，作为水滴的高光，如图3-75所示。

图3-72   图3-73   图3-74   图3-75

05 使用选择工具 ▶ 并按住Shift键单击这3个图形，将它们选取，如图3-76所示，按Ctrl+G快捷键编组。按住Alt键拖曳图形，进行复制。使用编组选择工具 ▷ 单击水滴图形，将其选取并填充如图3-77所示的渐变。按住Shift键并拖曳定界框边角控制点，对图形进行缩放，如图3-78所示。

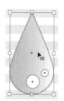
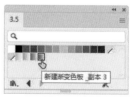

图3-76   图3-77   图3-78

06 选择圆角矩形工具 ▢，创建圆角矩形，如图3-79所示。选择星形工具 ☆，创建一个星形，填充与水滴相同的线性渐变，如图3-80所示。

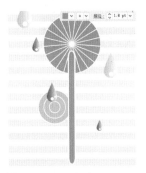

图3-79   图3-80

07 绘制几个圆形，作为卡通人的头和眼睛，如图3-81所示。使用直线段工具 ╱ 创建两条直线，作为眼眉，如图3-82所示。

图3-81   图3-82

08 使用极坐标网格工具 ⊛ 在画面下方创建网格，如图3-83所示。使用矩形工具 ▢ 创建矩形。选择文字工具 T，在画板空白处单击并输入文字。使用选择工具 ▶ 将文字拖曳到矩形中的合适位置，如图3-84所示。

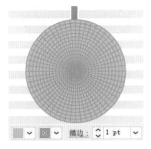
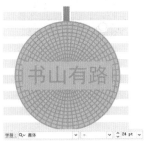

图3-83   图3-84

09 使用极坐标网格工具 ⊛ 和星形工具 ☆ 创建图形（用极坐标网格工具 ⊛ 创建极坐标网格时，可按↓键和→键，删除同心圆并增加分隔线的数量），如图3-85所示。图3-86所示为用同样方法制作的另一个书签。

图3-85   图3-86

3.5.3 制作纸艺家居

本实例制作一个纸艺家居，如图3-87所示。

01 打开素材，如图3-88和图3-89所示。家居图形位于两   图3-87

个图层中，以方便选择，如图3-90所示。下面通过调整图形的描边及添加效果制作精美的纸艺特效。

图3-88

图3-89   图3-90

02 使用选择工具 ▶ 单击房子图形，设置描边粗细为140pt，颜色为橙色，如图3-91和图3-92所示。

图 3-91 　　　　　　图 3-92

03 执行"效果"|"风格化"|"内发光"命令，为图形添加深棕色的发光效果，如图3-93和图3-94所示。

图 3-93 　　　　　　图 3-94

04 按Ctrl+C快捷键复制图形，按Ctrl+F快捷键粘贴到前面。修改描边粗细和颜色，如图3-95和图3-96所示。

图 3-95 　　　　　　图 3-96

05 按Ctrl+F快捷键再次粘贴，设置描边粗细为100pt，颜色为深蓝色，如图3-97所示。重复以上操作，即粘贴路径并调整描边粗细及颜色，制作出具有立体感的层叠效果，如图3-98～图3-101所示。制作最后一个图形时将填充颜色设置为绿色，无描边，如图3-102所示。

图 3-97 　　　　　　图 3-98

图 3-99 　　　　　　图 3-100

图 3-101 　　　　　　图 3-102

06 使用矩形工具 ▦ 创建一个矩形，设置填充颜色为浅灰色，按Shift+Ctrl+[快捷键将其移至底层。选择钢笔工具 ✐，在屋顶绘制一条路径，设置描边粗细为3pt，颜色为白色，如图3-103和图3-104所示。

图 3-103 　　　　　　图 3-104

07 使用选择工具 ▶ 将书柜、书架、装饰画及挂钟等图形拖曳到房子内并调整颜色，图形的黑色部分用深绿色填充（与第7层路径颜色相同），灰色部分用浅黄绿色填充，如图3-105所示。将沙发和台灯放在屋子左侧，底边与第6层路径重叠，将图形填充为豆绿色（与第6层路径颜色相同），如图3-106所示。

图 3-105 　　　　　　图 3-106

08 依次移入吊灯、桌椅和礼物，根据层叠路径的颜色进行填色，这样平面化的图形便营造出了空间感，如图3-107和图3-108所示。

图 3-107 　　　　　　图 3-108

3.6 作业与习题

色彩作用于人的视觉器官以后，会促使大脑形成各种反应，如冷暖感、空间感、大小感、轻重感等。因此，改变颜色，能为图稿增加无穷的变化。本节的作业与习题可以巩固和加深色彩基础知识、填色与描边的理解。

3.6.1 课后作业：制作星星图案

本实例制作星星图案，如图3-109所示。

图3-109

选择极坐标工具 ⊛，在画板上单击，弹出"极坐标网格工具选项"对话框，参数设置如图3-110所示，创建圆环状图形。使用编组选择工具 ▷ 选取圆环并填色，如图3-111所示。执行"效果"|"扭曲和变换"|"波纹效果"命令，进行变形处理，参数设置如图3-112所示。有不清楚的地方，可以看一看教学视频。

图3-110

图3-111

图3-112

3.6.2 课后作业：制作分形图案

分形艺术（Fractal Art）是数学、计算机与艺术的完美结合，可以展现数学世界的瑰丽景象。本实例使用虚线、宽度配置文件和效果等功能制作此类图案，如图3-113所示。

图3-113

使用椭圆工具 ⬭ 创建一个130mm×130mm的圆形。将描边改为虚线，如图3-114所示。在"控制"面板中选取一个宽度配置文件，让圆点由大逐渐变小，如图3-115所示。执行"效果"|"扭曲和变换"|"变换"命令，参数设置如图3-116所示。通过添加该效果，复制圆形并让其呈螺旋形旋转。有不清楚的地方，可以看一看教学视频。

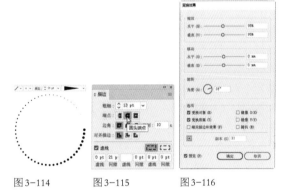

图3-114　　图3-115　　图3-116

3.6.3 复习题

1. 矢量图形如果不填色和描边，将会是什么情况？

2. 怎样将现有的颜色调深或调浅？

3. 怎样保存颜色？

4. 对路径进行描边时，哪些方法能改变描边粗细？

5. 用虚线描边路径时，如果路径的拐角处出现不齐的情况，如图3-117所示，如何处理才能让虚线均匀分布，如图3-118所示。

图3-117

图3-118

第4章
标志设计：图形绘制与组合

4.1 标志设计

　　标志设计是指为品牌、组织、产品或服务创建一个独特而又具有代表性的标志或标识。作为一门综合性的设计艺术，标志设计涵盖了图形设计、色彩理论、品牌策略等方面。文字、图形和色彩是标志设计的3个关键要素，它们共同构成了品牌或组织的视觉身份，这3个要素的协调和平衡至关重要。

　　标志中的文字应选择与品牌特点和定位相一致的字体，避免使用过于烦琐或复杂的字体，确保文字的排版结构清晰，同时要处理好文字和图形的间距，以保持整体平衡，提高可识别性，如图4-1~图4-3所示。

图4-1　　　　　　　　　图4-2　　　　　　图4-3

　　标志中的图形最好简洁易懂，容易被记忆。因此，图形元素要有独特性，能使标志脱颖而出，如图4-4~图4-6所示。图形的形状和结构也应与品牌或组织的价值观相一致。例如，圆形能传达团结和完整性的概念，而锐角更易突出动态和创新。此外，还要考虑图形的适应性，即在不同媒体和尺寸下都能够清晰明确，并且在黑白和彩色情况下也能有效传达信息。

图4-4　　　　　　　　　图4-5　　　　　　图4-6

　　在色彩方面，标志要服从标准色的使用要求。在此基础之上，还要考虑颜色对人们情感和行为的影响，确保所选色彩与品牌的情感和定位相一致。一般情况下，标志不会使用过多的颜色，基本上是主品牌色搭配一到两个辅助色即可，如图4-7

所示。标志中的色彩需要有足够的对比度，让文字和图形在不同背景下都清晰可见，如图4-8所示。

图4-7　　　　　　　　　　图4-8

> **提示**
>
> 标准色是企业为塑造独特的企业形象而确定的某一特定的色彩或一组色彩系统。在应用上，通常会设定标准的色彩数值（如PANTONE色值）并提供色样。

4.2 使用铅笔工具绘图

铅笔工具适合绘制草图和外形比较随意的图形，用起来就像使用铅笔在纸上绘画一样。其缺点是很难绘制出直线和准确的图形，但可用于修改路径。

4.2.1 绘制路径

选择铅笔工具 ✎ ，在画板上拖曳光标即可绘制路径，如图4-9所示。拖曳光标时按住Alt键，可以绘制出直线；按住Shift键，可绘制以45°整数倍的斜线；如果要绘制闭合的路径，可以将光标移动到路径的起点处，然后释放鼠标左键即可，如图4-10所示。

图4-9　　　　　　　　　　图4-10

4.2.2 编辑路径

双击铅笔工具 ✎ ，打开"铅笔工具选项"对话框，勾选"编辑所选路径"复选框，如图4-11所示，此后便可使用铅笔工具 ✎ 修改路径。

● 改变路径形状：选择一条开放式路径，将光标移动到路径上（当光标右侧的"＊"状符号消失时，表示工具与路径足够接近了），如图4-12所示，此时拖曳光标，可以改变路径的形状，如图4-13和图4-14所示。

图4-11　　　　　　　　　　图4-12

图4-13　　　　　　　　　　图4-14

● 延长/封闭路径：在路径的端点拖曳光标，可以延长路径，如图4-15和图4-16所示。如果拖至路径的另一个端点，则可封闭路径。

图4-15

图4-16

图4-17

图4-18

● 连接路径：选择两条开放式路径，选择铅笔工具 ✏，将光标放在一条路径的端点，如图4-17所示，拖曳光标至另一条路径的端点，即可将两条路径连接在一起，如图4-18所示。

> **技巧放送 鼠标指针的显示状态**
>
> 使用铅笔工具 ✏、画笔工具 ✏、钢笔工具 ✏ 等绘图时，默认状态下，光标在画板中显示为工具的形状；按Caps Lock键，可以显示为"×"状。
>
> ✏   ✏   ×
>
> 工具状光标   "×"状光标

4.3 使用钢笔工具和曲率工具绘图

钢笔工具可以绘制直线、曲线和任何形状的图形。能够灵活、熟练地使用它绘图，是每一个 Illustrator 用户必须掌握的技能。曲率工具较钢笔工具的功能弱一些，但使用方法更加简单。

4.3.1 绘制直线

选择钢笔工具 ✏，在画板上单击（不要拖曳光标），创建锚点，如图4-19所示；在另一处位置单击，即可创建直线路径，如图4-20所示。按住Shift键操作，可以创建水平、垂直或为45°倍数的斜线。继续在其他位置单击，可继续绘制直线，如图4-21所示。

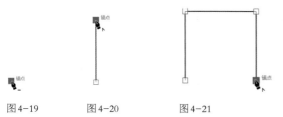

图4-19   图4-20   图4-21

按住 Ctrl 键在远离图形的位置单击，或者选择其他工具，可结束绘制，得到开放的路径，如图4-22所示。如果要闭合路径，可以将光标放在第一个锚点上，当光标变

为 ▸ 状时单击，如图4-23和图4-24所示。

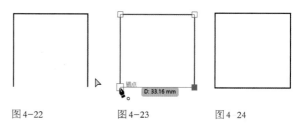

图4-22   图4-23   图4 24

4.3.2 绘制曲线

曲线的锚点上会有 到两条方向线，方向线的端点是方向点，如图4-25所示。拖曳方向点，可以调整方向线的角度，进而影响曲线的形状，如图4-26所示。需要绘制曲线时，可以使用钢笔工具 ✏ 在画板上拖曳光标，创建平滑点，如图4-27所示；在另一处位置拖曳，便可生成一段曲线。当拖曳方向与前一条方向线相同时，可以创

建"s"形曲线，如图4-28所示；如果方向相反，则创建的是"c"形曲线，如图4-29所示。

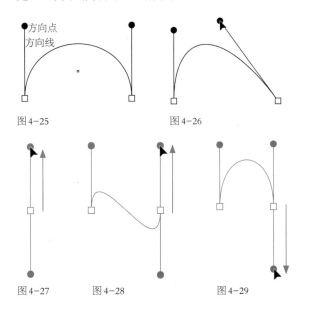

图4-25   图4-26

图4-27   图4-28   图4-29

4.3.3 绘制转角曲线

转角曲线是方向发生了转折的曲线，需要调整方向线的走向才能绘制出来。以"m"形转角曲线为例，首先使用钢笔工具 ✐ 绘制出"c"形曲线，然后将光标移动到端点处的方向点上，如图4-30所示；按住Alt键向相反方向拖曳，如图4-31所示（经过这样操作，平滑点会转换成角点，下一段曲线将沿着此方向线的指向展开），释放Alt键和鼠标左键，在下一处位置拖曳光标创建平滑点，可以绘制出"m"形曲线，如图4-32所示。

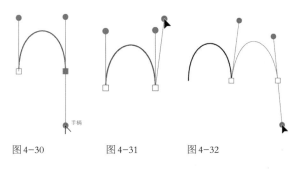

图4-30   图4-31   图4-32

提示

使用钢笔工具 ✐ 和曲率工具 ✐ 绘制曲线时，会显示橡皮筋预览，即前一个锚点到光标当前位置会显示一段路径，此时单击，可以按照当前预览绘制路径；拖曳光标，则可根据需要改变路径的形状。

4.3.4 在直线后面绘制曲线

使用钢笔工具 ✐ 绘制一段直线路径后，将光标放在最后一个锚点上，当光标变为 ✐。状时，如图4-33所示，拖曳出一条方向线，如图4-34所示；在其他位置拖曳光标，可以在直线后面绘制出"c"形或"s"形曲线，如图4-35和图4-36所示。

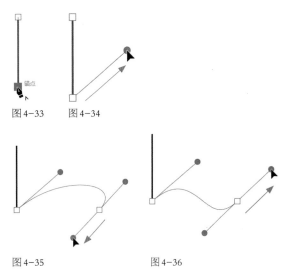

图4-33   图4-34

图4-35   图4-36

4.3.5 在曲线后面绘制直线

使用钢笔工具 ✐ 绘制曲线路径后，将光标移动到最后一个锚点上，当光标变为 ✐。状时，如图4-37所示，单击，将平滑点转换为角点，如图4-38所示；在其他位置单击(不要拖曳)，可以在曲线后面绘制出直线，如图4-39所示。

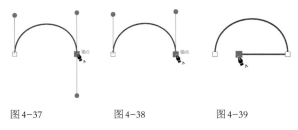

图4-37   图4-38   图4-39

4.3.6 钢笔工具使用技巧

使用钢笔工具 ✐ 时，按住Ctrl键可临时切换为直接选择工具 ▷ ；按住Alt键，则临时切换为锚点工具 ⊾。使用这两种工具可以修改路径形状。放开按键后，又会恢复为钢笔工具 ✐，可以继续绘制图形，掌握此技巧，就能在绘图的同时编辑路径，而不必中断操作。

● 在画板上单击后，不要释放鼠标左键，按住空格键并进行拖曳，可以重新定位锚点的位置。

● 按住 Alt 键在平滑点上单击，可将其转换为角点，如图4-40和图4-41所示；在角点上拖曳光标，可将其转换为平滑点，如图4-42所示。

图4-40　　　　图4-41　　　　图4-42

● 按住 Alt 键拖曳曲线的方向点，可以调整方向线一侧的曲线的形状，如图4-43所示；按住 Ctrl 键操作，则可同时调整方向线两侧的曲线，如图4-44所示。

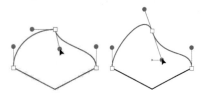

图4-43　　　　图4-44

● 将光标放在路径段上，按住 Alt 键（光标变为▶状）拖曳，可将直线转换为曲线，如图4-45所示。该方法也可用于调整曲线的形状，如图4-46所示。

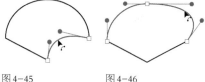

图4-45　　　　图4-46

● 选择一条开放的路径，使用钢笔工具 ✐ 在其两个端点单击，可以闭合路径。

● 在绘制路径的过程中，将光标放在另外一条开放式路径的端点，光标变为▶状时，如图4-47所示，单击，可以连接这两条路径，如图4-48所示。

图4-47　　　　图4-48

● 在一条开放式路径的端点上，当光标变为▶状时，如图4-49所示，单击，此后可继续绘制该路径，如图4-50所示。

图4-49　　　　图4-50

● 按住 Ctrl 键单击锚点可以选择锚点；按住 Ctrl 键拖曳锚点，可移动其位置。

● 绘制平滑点时，按住 Ctrl 键并拖曳一侧的方向点，可以创建长度不等的方向线。

4.3.7 使用曲率工具绘图

曲率工具 ✐ 与钢笔工具 ✐ 类似，可以创建、编辑、添加和删除锚点，以及转换锚点的类型。由于其功能较钢笔工具 ✐ 简单，因此，使用起来比较容易。

● 创建角点：在画板上双击，或按住 Alt 键单击，可以创建角点。

● 创建平滑点：在画板的不同位置单击以创建两个点，再移动光标时会出现橡皮筋预览，如图4-51所示，单击可以根据预览生成曲线，如图4-52所示。

图4-51　　　　图4-52

● 转换锚点：双击一个角点，可将其转换为平滑点；双击一个平滑点，可将其转换为角点。

● 添加锚点：在路径上单击，可以添加锚点。

● 删除锚点：单击一个锚点，按 Delete 键可将其删除，曲线不会断开。

● 移动锚点：将光标放在一个锚点上，如图4-53所示，拖曳光标可将其移动，如图4-54所示。

● 结束绘制：按 Esc 键可结束路径的绘制。

图4-53　　　　图4-54

4.4 编辑锚点和路径

使用钢笔工具或其他工具绘图时，绘制得不够准确的地方，需要对路径进行修改，才能得到所需形状。

4.4.1 选择与移动锚点

选择直接选择工具▷，将光标移动到锚点上方，当光标变为▷.状时，如图4-55所示，单击可以选择锚点（选中的锚点变为实心方块），如图4-56所示。拖曳出一个矩形选框，可将选框内的所有锚点一同选取。

图4-55

图4-56

在锚点上单击并按住鼠标左键拖曳，可以移动锚点，如图4-57所示。

当图形重叠时，想要选取其中的多个锚点，不能用直接选择工具▷拖曳出选框的方法操作，因为这会移动锚点。为避免这种情况，可以使用套索工具🔾拖曳出选框，将其中的锚点选取，如图4-58所示。

图4-57

图4-58

提示

使用直接选择工具▷和套索工具🔾时，如果要添加选择其他锚点，可以按住Shift键并单击（套索工具🔾为绘制选框）。用同样的方法可以取消选择其中的部分锚点。

使用直接选择工具▷选择锚点后，如图4-59所示，将光标放在其中的一个锚点上方并进行拖曳，形状的改变会比较大，如图4-60所示。如果想要最大限度地保持原有形状，可在选取锚点后，使用整形工具🖊调整锚点的

位置，如图4-61所示。

图4-59

图4-60

图4-61

技巧放送 巧用轮廓模式

执行"视图"|"轮廓"命令，图稿只显示轮廓，而隐藏填色和描边，这样更容易选择锚点和编辑路径。这样还有一个好处，即当图形堆叠在一起时，会互相遮挡，位于下方的对象很难被选择到。在轮廓模式下，没有因填色造成遮挡，因而很容易选择和编辑对象。当需要图稿以实际效果显示时，执行"视图"|"预览"命令即可。

默认的预览模式

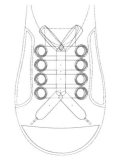

切换为轮廓模式

按住Ctrl键并单击"图层"面板中无关图层左侧的眼睛图标👁，能将其中的对象切换为轮廓模式，而正在编辑的对象还是以实际效果显示。当需要切换回预览模式时，可以按住Ctrl键再次单击该图标。

按住Ctrl键单击👁图标，只让鞋带以轮廓模式显示

4.4.2 选择与移动路径段

使用直接选择工具 ▷ 在路径上单击，可以选择路径段，如图4-62所示。单击路径段并按住鼠标左键拖曳，可进行移动，如图4-63所示。

图4-62　　　　　图4-63

4.4.3 添加与删除锚点

选择路径，如图4-64所示，使用钢笔工具 ✐ 在路径上单击，可以添加锚点。当这是一条直线路径时，添加的是角点，如图4-65所示；如果是曲线路径，则添加的是平滑点，如图4-66所示。如果想在所有路径段的中间位置都添加一个锚点，可以执行"对象"|"路径"|"添加锚点"命令。如果想删除一个锚点，可以使用钢笔工具 ✐ 在其上方单击。

图4-64　　　　图4-65　　　　图4-66

4.4.4 修改曲线

选择曲线上的锚点时，会显示方向线和方向点，拖曳方向点可以调整方向线的方向和长度。方向线的方向决定了曲线的形状，如图4-67和图4-68所示。方向线的长度影响曲线的弧度，当方向线较短时，曲线的弧度会变小，如图4-69所示；方向线越长，曲线的弧度越大，如图4-70所示。

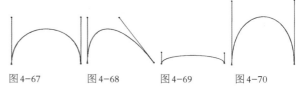

图4-67　　　图4-68　　　图4-69　　　图4-70

使用直接选择工具 ▷ 拖曳平滑点上的方向点时，会同时调整该点两侧的路径段，如图4-71和图4-72所示。使用锚点工具 ⌐ 操作，则只调整与该方向线同侧的路径段，如图4-73所示。

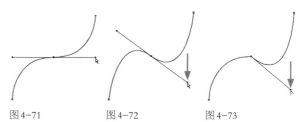

图4-71　　　　图4-72　　　　图4-73

平滑点始终有两条方向线，而角点可以有两条、一条或者没有方向线，具体取决于其连接两条、一条还是没有连接曲线路径段。角点的方向点无论使用直接选择工具 ▷ 还是锚点工具 ⌐ 拖曳，都只影响与方向线同侧的路径段，如图4-74~图4-76所示。

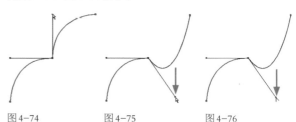

图4-74　　　　图4-75　　　　图4-76

4.4.5 实时转角

如果要将路径的尖角处理成圆角，最简单的方法是使用直接选择工具 ▷ 单击角上的锚点，此时会显示实时转角构件，如图4-77所示，然后拖曳实时转角构件即可，如图4-78所示。

图4-77　　　　　　　图4-78

双击实时转角构件，可以打开"边角"对话框，如图4-79所示。单击 ♪ 按钮，可以将转角改为反向圆角，如图4-80所示。单击 ✐ 按钮，可以将转角改为倒角，如图4-81所示。

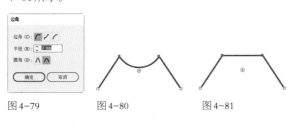

图4-79　　　　图4-80　　　　图4-81

> **提示**
>
> 使用直接选择工具 ▷ 时，如果不想显示实时转角构件，可以执行"视图"|"隐藏边角构件"命令，将其隐藏。

4.4.6 连接路径

连接工具 ✐ 可以连接两条路径，并且操作时不必选择路径，只要将光标放在一条路径的端点，单击并拖曳光标至另一条路径的端点即可。

该工具可以在3种情况下连接路径，一是连接路径并删除重叠的部分，如图4-82所示；二是连接路径并扩展缺失的部分，如图4-83所示；三是删除多余的路径并扩展另一条路径，然后建立连接，如图4-84所示。需要注意，使用连接工具 ✐ 创建的连接都是角点。

图4-82　　　　　　　图4-83

图4-84

4.4.7 偏移路径

创建同心圆或制作相互之间保持固定间距的多个对象时，可以选择路径，执行"对象"|"路径"|"偏移路径"命令，基于此路径偏移出一条新的路径。图4-85所示为"偏移路径"对话框，"连接"选项用来设置拐角的连接方式，如图4-86所示。"斜接限制"选项用来设置拐角的变化范围。

"偏移路径"对话框　　斜接　　　圆角　　　斜角

图4-85　　图4-86

4.4.8 简化路径

曲线路径上的锚点越多，路径的平滑度越差。执行"对象"|"路径"|"简化"命令可以减少锚点，使路径变得平滑，同时也能加快图稿的显示和打印速度。

选择对象，如图4-87所示，执行"简化"命令时，画板上会显示组件，拖曳圆形滑块，可以调整锚点数量，如图4-88所示。单击 ⚙ 按钮，则自动进行简化处理。单击 •••按钮，可以打开"简化"对话框。

图4-87　　　　　　　图4-88

4.4.9 平滑路径

想让路径更加平滑，除了使用"简化"命令外，还可

以使用平滑工具 ✐ 进行处理。

选择一条路径，如图4-89所示，使用平滑工具 ✐ 在路径上反复拖曳光标，路径会变得越来越平滑，如图4-90所示。双击该工具，可以打开"平滑工具选项"对话框，如图4-91所示。"保真度"滑块越靠近"平滑"一端，平滑效果越明显，但路径形状的改变也会越大。

图4-89　　　　　图4-90　　　　　图4-91

4.4.10 裁剪路径

使用裁剪工具 ✄ 在路径上单击，可以将路径一分为二，如图4-92和图4-93所示。路径断开处会生成两个重叠的锚点，可以使用直接选择工具 ▷ 将其移开，如图4-94所示。

图4-92　　　　　图4-93　　　　　图4-94

想让路径在某个锚点（也可以是多个锚点）处断开，也可以使用直接选择工具 ▷ 选取锚点，然后单击"控制"面板中的 ⬚ 按钮。

4.4.11 分割对象

如果想将图形分割开，可以使用美工刀工具 ✐ 在其上方拖曳光标。开放的路径经过分割后会变成闭合的路径，如图4-95和图4-96所示。

图4-95　　　　　　图4-96

使用美工刀工具 ✐ 时，是沿着光标的移动轨迹进行切割的，因此，分割后的图形往往不够规整。如果想得到整齐的图形，可以使用钢笔工具 ✐ 或其他绘图工具在对象上方绘制出图形，如图4-97所示，然后执行"对象"|"路径"|"分割下方对象"命令来分割下方的对象，如图4-98所示。

图4-97　　　　　　　图4-98

4.4.12 擦除路径和图形

选择一个图形，如图4-99所示，使用路径橡皮擦工具 ✐ 在路径上拖曳光标，可以擦除路径，如图4-100和图4-101所示。

图4-99　　　　　　图4-100　　　　　图4-101

需要进行大面积擦除时，可以使用橡皮擦工具 ◆ 在图形上拖曳光标进行擦除，这样操作更方便，如图4-102所示。按住Shift键操作，可以将擦除方向限制为水平、垂直或45°的整数倍方向；按住Alt键操作，可以拖曳出一个矩形选框，选取并擦除选框内的图形，如图4-103和图4-104所示。

图4-102　　　　　　图4-103　　　　　图4-104

> **提示**
>
> 使用路径橡皮擦工具 ✐ 和橡皮擦工具 ◆ 时，如果要将擦除的范围限定为一个路径段或某个图形，可先将其选择，再进行擦除。

4.5　组合图形

使用钢笔工具、铅笔工具，以及各种形状工具绘制出图形后，可以通过组合的方法，将现有图形构建成新的图形。这要比使用钢笔工具绘制对象容易得多。

4.5.1　"路径查找器"面板

图4-105所示为"路径查找器"面板，它包含了可以组合对象的各种按钮。在操作时，先选择两个或多个图形，然后单击该面板中的按钮即可。

● 联集▣：将所选图形合并为一个图形。合并后，轮廓线及其重叠的部分融合在一起，最前面对象的颜色决定了合并后对象的颜色，如图4-106和图4-107所示。

图4-105

图4-106 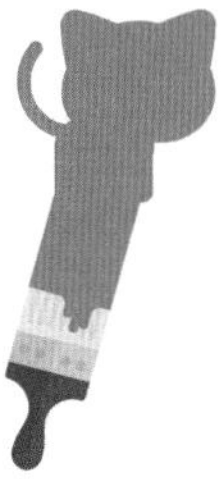　　　　图4-107

● 减去顶层▣：用最后面的图形减去前面的所有图形，可以保留后面图形的填色和描边，如图4-108和图4-109所示。

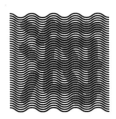
图4-108

图4-109

● 交集▣：只保留图形的重叠部分，并显示为最前面图形的填色和描边，如图4-110和图4-111所示。

图4-110

图4-111

● 差集▣：只保留图形的非重叠部分，重叠部分被挖空，最终的图形显示为最前面图形的填色和描边，如图4-112和图4-113所示。

图4-112　　　　　　　　图4-113

● 分割▣：对图形的重叠区域进行分割，使之成为单独的图形，分割后的图形可保留原图形的填色和描边，并自动编组。图4-114所示为在图形上创建的多条路径，图4-115所示为分割后填充不同颜色后的效果。

图4-114 　　　　　　　　图4-115

● 修边▣：将后面图形与前面图形的重叠部分删除，保留对象的填色，无描边，如图4-116和图4-117所示。

图4-116　　　　　　　　图4-117

● 合并▣：不同颜色的图形合并后，最前面图形的形状不变，与后面图形重叠的部分会被删除。图4-118为原图形，图4-119所示为合并后将图形移开的效果。

图4-118　　　　　　　　图4-119

● 裁剪 ▣：只保留图形的重叠部分，最终图形无描边，并显示最后面图形的颜色，如图4-120和图4-121所示。

图4-120　　　　　　　　　图4-121

● 轮廓 ▣：只保留图形的轮廓，轮廓的颜色为其自身的填色，如图4-122和图4-123所示。

图4-122　　　　　　　　　图4-123

● 减去后方对象 ▣：用最前面的图形减去后面的所有图形，保留最前面图形的非重叠部分及描边和填色，如图4-124和图4-125所示。

图4-124　　　　　　　　　图4-125

4.5.2 复合形状

使用"路径查找器"面板组合对象时，会改变图形的原始结构。如果不想破坏原始图形，可以按住Alt键单击"形状模式"选项组中的按钮，通过创建复合形状的方法来组合对象。例如，打开一个文件，如图4-126所示，选择所有图形，按住Alt键并单击"联集"按钮 ▣，组合后原始图形都能得以保留，如图4-127和图4-128所示。如果直接单击"联集"按钮 ▣ 而没有按住Alt键，则所选图形会合并成一个图形，如图4-129所示。

图4-126　　　　　　　　　图4-127

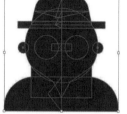

图4-128　　　　　　　　　图4-129

创建复合形状后，如果想将原始图形释放出来，可以选择对象，打开"路径查找器"面板菜单，选择其中的"释放复合形状"选项。

提示

创建复合形状时，会采用最底层对象的填色和透明度属性。使用直接选择工具 ▷ 或编组选择工具 ▷ 选取其中的对象后，还可以按住Alt键并单击"形状模式"选项组的其他按钮，修改形状模式；也可修改对象的填色、样式或透明度属性，或者通过编辑锚点来修改路径。

4.5.3 复合路径

如果只是想在图形内部挖出孔洞，可以用创建复合路径的方法操作，这是一种非破坏性功能。例如，如图4-130所示为一个矩形和文字图形，将其选取后执行"对象"|"复合路径"|"建立"命令，即可创建复合路径并在文字上生成孔洞，此时所有对象将编为一组，并应用最后方对象的填充内容和样式，如图4-131所示。当使用直接选择工具 ▷ 或编组选择工具 ▷ 选择其中的文字进行移动时，孔洞的位置也会随之改变，如图4-132所示。执行"对象"|"复合路径"|"释放"命令，可以释放复合形状。

图4-130

图4-131　　　　　图4-132

> **提示**
>
> 使用文字创建复合路径时，须先将文字转换为图形（快捷键为Shift+Ctrl+O）。

4.5.4　Shape工具

如果想快速绘制矩形、圆形和多边形，并对图形进行合并和分割，使用Shape工具 ✏ 操作是最方便的。该工具能识别用户的手势，并根据手势生成实时形状。例如，使用该工具绘制一条歪歪扭扭的线，释放鼠标左键后，可以得到一条笔直的线。绘制其他图形时也是如此，如图4-133所示。

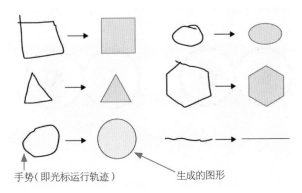

手势（即光标运行轨迹）　　　生成的图形

图4-133

Shape工具 ✏ 绘制出的是实时形状，即可编辑的图形。当多个图形堆积在一起时，使用该工具可以通过4种方法进行组合和分割，如图4-134所示（黑色折线代表光标运行轨迹）。

使用Shape工具 ✏ 修改图形后，这些对象便成为一个Shape组。使用Shape工具 ✏ 单击Shape组时，会显示定界框及箭头构件，如图4-135所示，单击其中的一个形状，进入表面选择模式，如图4-136所示，此时可修改对象的填色，如图4-137所示。

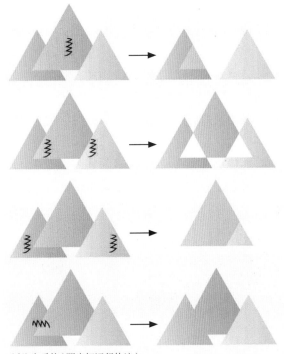

折线为手势（即光标运行轨迹）

图4-134

图4-135　　　图4-136　　　图4-137

双击一个形状（或单击定界框上的 ⊡ 状图标），可以进入构建模式，如图4-138所示，此时可对形状进行修改，例如，调整图形大小或进行旋转，如图4-139所示。如果将该形状拖出定界框外，则会将其从Shape组中释放出来，如图4-140所示。

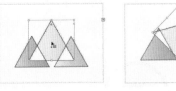

图4-138　　　　　图4-139

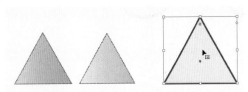

图4-140

4.6 设计与实战

本节包含 6 个设计实战，通过这些实战可以练习使用曲率工具和钢笔工具制作标志、对现有的图形进行组合制作 Logo，以及利用缠绕功能制作 Logo 等。

4.6.1 小鸟文具标志（曲率工具）

本实例为小鸟文具设计一个标志，如图 4-141 所示。

图 4-141

① 先制作小鸟的眼睛。选择椭圆工具 ⬭，按住 Shift 键并拖曳光标，分别创建 3 个圆形，如图 4-142 所示。

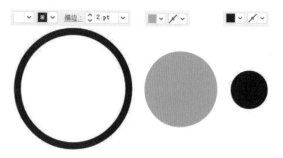

图 4-142

② 按 Ctrl+A 快捷键选取所有图形，单击"对齐"面板中的 ⬥ 按钮和 ⬦ 按钮，使这些图形居中对齐，如图 4-143 所示。绘制一个白色的圆形，作为小鸟的瞳孔，如图 4-144 所示。

图 4-143   图 4-144

③ 按 Ctrl+A 快捷键全选，按 Ctrl+G 快捷键将所选图形编为一组。选择选择工具 ▶，按 Alt+Shift 快捷键并沿水平方向拖曳光标，复制图形，如图 4-145 所示。创建一个椭圆形，填充橙色，无描边，如图 4-146 所示。

图 4-145   图 4-146

④ 选择锚点工具 ⬐，将光标放在椭圆上方以捕捉锚点，如图 4-147 所示，通过单击将其转换为角点，如图 4-148 所示。

图 4-147   图 4-148

⑤ 捕捉下方的锚点，如图 4-149 所示，通过单击将其转换为角点，如图 4-150 所示。

图 4-149   图 4-150

⑥ 选择美工刀工具 🔪，在该图形上拖曳光标，将其分割为两块，如图 4-151 所示。使用选择工具 ▶ 单击下方的图形并修改填充颜色，如图 4-152 所示。

图 4-151   图 4-152

⑦ 使用圆角矩形工具 ⬜ 创建圆角矩形，如图 4-153 所示。按 Shift+Ctrl+[快捷键移至底层，如图 4-154 所示。

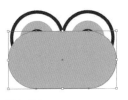

图4-153　　　　　　　图4-154

图4-166　　　　　　图4-167

08 使用曲率工具✐绘制柳叶状图形。单击，创建一个锚点，如图4-155所示；移动光标，在第一个锚点的左上方单击，如图4-156所示；然后继续移动光标，画板上显示橡皮筋预览，如图4-157所示。橡皮筋预览是用来辅助绘图的，即单击时将基于预览生成曲线，如图4-158和图4-159所示；将光标移动到第一个锚点上，如图4-160所示，单击封闭图形。

4.6.2　企鹅服饰标志（钢笔和铅笔工具）

本实例使用钢笔工具✐绘图，再用铅笔工具✐修改图形，制作服饰标志，如图4-168所示。

图4-155　　　图4-156　　　图4-157

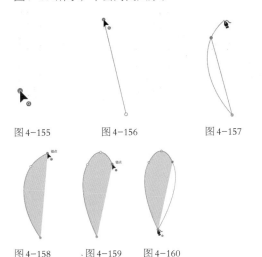

图4-158　　·图4-159　　　图4-160

09 选择旋转工具↻，在图形底部单击，将参考点定位在此处，如图4-161所示。将光标移动到其他位置（离对象远一些），拖曳光标旋转图形，如图4-162所示。在图形底部单击，将参考点定位在此处，如图4-163所示；将光标移开，按住Alt键并进行拖曳，复制出一个图形，如图4-164所示。用同样的方法再复制出一个图形，如图4-165所示。

图4-168

01 选择钢笔工具✐并通过拖曳光标的方法创建曲线，绘制出如图4-169所示的图形（填充黑色，无描边）。按住Ctrl键并在空白处单击，取消图形的选取。再绘制3个图形，填充为白色，如图4-170所示。

02 使用钢笔工具✐和椭圆工具◯绘制小企鹅的眼睛，如图4-171所示。

图4-161　　图4-162　　图4-163　　图4-164　　图4-165

图4-169　　　　　图4-170　　　　　图4-171

10 调整图形的填充颜色。按住Shift键并拖曳后两个图形的控制点，进行放大，如图4-166所示。将这组图形放在小鸟头上，完成制作，如图4-167所示。

03 按住Ctrl键并单击企鹅的身体图形，将其选取，使用钢笔工具✐在图4-172所示的路径上单击，添加锚点。使用直接选择工具▷拖曳锚点，如图4-173所示。

图 4-172 　　　　　　　图 4-173

04 选择铅笔工具 ✎，将光标移动到图4-174所示的路径上，向外侧拖曳光标（光标轨迹为折线），当光标移动到小企鹅身体路径上方时再释放鼠标左键，通过这种方法修改路径，绘制出小企鹅的头发，如图4-175和图4-176所示。

图 4-174 　　　　　图 4-175 　　　　　图 4-176

05 绘制一条路径，设置描边颜色为白色，无填色，如图4-177所示。再绘制一条围巾，如图4-178所示。

图 4-177 　　　　　　　　图 4-178

06 执行"窗口"｜"色板库"｜"图案"｜"自然"｜"自然_动物皮"命令，打开"自然_动物皮"面板。单击图4-179所示的图案，用来填充围巾，如图4-180所示。使用椭圆工具 ⬭ 绘制两个椭圆形，填充为浅灰色，将其作为投影。选择这两个椭圆形，按Shift+Ctrl+[快捷键移至企鹅后方，如图4-181所示。

图 4-179 　　　　图 4-180 　　　　图 4-181

4.6.3 办公空间视觉识别系统

　　在视觉识别系统（Visual Identity，VI）中，企业标志、标准字、标准色等会应用于很多场景，如办公事务用品、建筑环境、产品包装、广告媒体、衣着制服、陈列展示等。本实例介绍怎样通过组合图形的方法制作办公空间标志，如图4-182所示。

图 4-182

01 选择极坐标网格工具 ◉，在画板上单击，打开"极坐标网格工具选项"对话框，参数设置如图4-183所示，创建一组圆环图形。

02 在"描边"面板中设置描边粗细为12pt，颜色为橙色，如图4-184所示。单击 ◪ 按钮，使描边沿路径内侧对齐，如图4-185和图4-186所示。

图 4-183 　　　　　　　　图 4-184

图 4-185 　　　　　　　　图 4-186

03 执行"对象"｜"路径"｜"轮廓化描边"命令，将描边转换为图形。选择椭圆工具 ⬭，在画板上单击，打开

"椭圆"对话框，参数设置如图4-187所示，创建与圆
环大小相同的圆形，如图4-188所示。

图4-187　　　　　　　图4-188

④ 使用选择工具▶将圆
形拖曳到圆环上，显示图
4-189所示的智能参考线
时释放鼠标左键。

⑤ 执行"窗口"|"变
换"命令，打开"变换"
面板，参数设置如图4-190
所示，将圆形修改成饼图
形状，如图4-191所示。

图4-189

图4-190　　　　　　　图4-191

⑥ 按Ctrl+A快捷键全选，如图4-192所示，单击"路径
查找器"面板中的 ■ 按钮，如图4-193所示，将图形的
重叠部分分割开并删除。

图4-192　　　　　　　图4-193

⑦ 在空白处单击取消选择。使用编组选择工具▷在饼图
上单击，将其选取，如图4-194所示，按Delete键删除，
如图4-195所示。

⑧ 按Ctrl+A快捷键全选，双击旋转工具 ↺，打开"旋
转"对话框，设置"角度"为180°，单击"复制"按
钮，如图4-196所示，复制图形，如图4-197所示。

图4-194　　　　　　　图4-195

图4-196　　　　　　　图4-197

⑨ 使用选择工具▶按住Shift键并向下拖曳，移动图形，
如图4-198所示。

⑩ 选择形状生成器工具 ◉，将光标移动到白色图形上，
检测到的图形会高亮显示，如图4-199和图4-200所示，
按住Alt键在这两个白色图形上拖曳光标，将它们删除。
采用同样的方法将位于橙色边线旁边的白色图形都删
除，如图4-201所示。在图形后方衬托其他颜色的图形
时文字才能呈现镂空效果，如图4-202所示。

图4-198　　　　　　　图4-199

图4-200　　　　　图4-201　　　　　图4-202

⑪ 使用直排文字工具 ⅼT 输入公司名称，如图4-203和图
4-204所示。使用文字工具 T 输入经营项目，文字参数
如图4-205所示。选择直线段工具 ╱，按住Shift键拖曳光
标，绘制两条直线，如图4-206所示。

图 4-203

图 4-204

创意产业园/企业孵化器

图 4-205

图 4-206

创意产业园/企业孵化器

⑫ 按Ctrl+A快捷键全选，按Ctrl+C快捷键复制。执行"文件"|"置入"命令，置入一幅图像。使用圆角矩形工具 在其上方创建白色圆角矩形，如图4-207所示。执行"效果"|"风格化"|"羽化"命令，让图形的颜色呈现逐渐衰减效果，如图4-208和图4-209所示。按Ctrl+V快捷键粘贴标志，如图4-210所示。

图 4-207

图 4-208

图 4-209

图 4-210

4.6.4 宠物店Logo设计

本实例制作一个宠物店Logo。图 4-211所示为Logo在包装上的应用。

图 4-211

①① 选择矩形工具 ，在画板上单击，打开"矩形"对话框，设置宽度和高度均为50mm，如图4-212所示，单击"确定"按钮创建一个矩形，如图4-213所示。

图 4-212

图 4-213

②② 选择椭圆工具 ，用同样的方法创建一个大小为50mm的圆形，如图4-214和图4-215所示。

图 4-214

图 4-215

03 使用选择工具▶将圆形拖曳到矩形上，当圆形的中心点与矩形边缘相交时会显示智能参考线，以方便对齐这两个图形，如图4-216所示。按Ctrl+A快捷键全选，如图4-217所示。在定界框外按住Shift键向右拖曳光标，旋转图形，当智能参考线提示旋转角度为315°时，如图4-218所示，释放鼠标左键。在空白处单击，取消图形的选择。

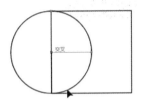
图4-216

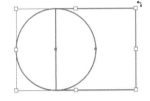
图4-217

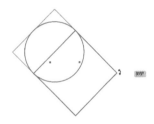
图4-218

04 使用选择工具▶单击圆形，将其选取，如图4-219所示，按住Alt键向右拖曳进行复制（在此过程中按住Shift键以锁定水平方向），如图4-220所示。

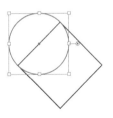
图4-219

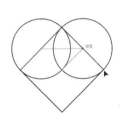
图4-220

05 按Ctrl+A快捷键全选，如图4-221所示。单击"路径查找器"面板中的▣按钮，将图形合并为一个完整的心形，如图4-222和图4-223所示。

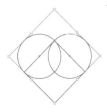
图4-221

图4-222

图4-223

06 按Ctrl+C快捷键复制图形，按Ctrl+B快捷键粘贴到当前图形的后方。按Shift+Alt快捷键拖曳控制点，以图形中心为基点进行等比放大，如图4-224所示。将光标放

在定界框外，按住Shift键拖曳，将图形翻转，然后调整位置，如图4-225所示。设置填充颜色为黑色，如图4-226所示。

图4-224

图4-225

图4-226

07 使用圆角矩形工具▢创建一个圆角矩形，如图4-227所示（拖曳光标的同时连续按↑键，将圆角调到最大）。选择直接选择工具▷，拖曳出一个选框，将图4-228所示的锚点选取，按Delete键删除。打开"描边"面板，设置描边粗细为10pt，单击◯按钮，将路径的端点改为圆头，如图4-229和图4-230所示。

图4-227

图4-228

图4-229

图4-230

08 使用椭圆工具◯创建3个圆形，如图4-231所示。使用选择工具▶拖曳出一个选框，将这组图形选取，如图4-232所示。选择镜像工具，将光标放在图4-233所示的路径上（到达路径上方时会显示"路径"二字提示信息），按住Alt键并单击，打开"镜像"对话框，选中"垂直"单选按钮并单击"复制"按钮，如图4-234所示，复制图形，如图4-235所示。

图4-231

图4-232

图4-233

图4-234

图4-235

09 将图形移动到心形上方，并修改圆形的填色为白色，

"J"形路径的描边为白色,使之成为萌宠的鼻子,如图4-236所示。使用椭圆工具 ⬭ 创建两个圆形,如图4-237所示。

图4-236　　　　　图4-237

⑩ 在左侧圆形的定界框外拖曳光标,将其旋转,如图4-238所示。使用选择工具 ▶ 拖曳出一个选框,将两个圆形选取,如图4-239所示。选择镜像工具 ▷◁,将光标放在心尖上,如图4-240所示,按住Alt键并单击,打开"镜像"对话框,选中"垂直"单选按钮并单击"复制"按钮,复制图形,完成萌宠脚掌的制作,如图4-241所示。

图4-238　　　　　图4-239

图4-240　　　　　图4-241

⑪ 使用选择工具单击"J"形路径,如图4-242所示,执行"对象"|"扩展"命令,将其扩展为轮廓,如图4-243所示。另一条路径也扩展为轮廓,如图4-244所示。

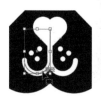

图4-242　　　图4-243　　　图4-244

⑫ 拖曳出选框,将整个鼻子图形全部选取,如图4-245

所示,单击"路径查找器"面板中的 ⬚ 按钮,进行图形运算,制作出挖孔效果,如图4-246所示。

图4-245　　　　　图4-246

4.6.5 美容院标志设计(缠绕功能)

使用缠绕功能可以快速地让文字、图形等交织在一起。当对象相互交织时,可以创建出复杂而有序的图案,在视觉上形成层次感和有趣的效果。本实例使用该功能制作一个美容院标志,如图4-247所示。

图4-247

① 按Ctrl+N快捷键,新建一个A4纸大小的CMYK模式文档。选择矩形工具 ▭,在画板上单击,打开"矩形"对话框,参数设置如图4-248所示,创建一个矩形,设

置描边粗细为30pt，如图4-249所示。

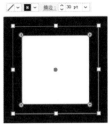

图4-248　　　　图4-249

⑫ 按住Shift键单击除左上角之外的3个边角构件，将它们选取。将光标放在其中一个边角构件上方，如图4-250所示，进行拖曳，将矩形的3个边角调整为圆角，如图4-251所示。

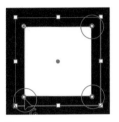

图4-250　　　　图4-251

⑬ 修改描边颜色，如图4-252和图4-253所示。

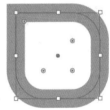

图4-252　　　　图4-253

⑭ 打开"外观"面板，单击描边属性，如图4-254所示，单击该面板底部的按钮，复制出一个描边属性。单击位于下方的描边，然后修改颜色和描边粗细，如图4-255所示。

图4-254　　　　图4-255

⑮ 选择旋转工具，将光标放在图形右下角，如图4-256所示，按住Alt键单击，打开"旋转"对话框，设置"角度"参数并单击"复制"按钮，如图4-257所示，复制图形，如图4-258所示。连续按6次Ctrl+D快捷键复制图形，如图4-259所示。

图4-256　　　　图4-257

图4-258　　　　图4-259

⑯ 使用选择工具 ▶ 按住Shift键单击其中的4个图形，将它们选取，修改描边颜色，如图4-260和图4-261所示。

图4-260　　　　图4-261

⑰ 按Ctrl+A快捷键全选，执行"对象"|"缠绕"|"建立"命令。围绕右上角图形交叉处拖曳光标，定义缠绕范围，如图4-262所示，释放鼠标左键后，后方被遮盖的图形会显示到前方，从而得到缠绕效果，如图4-263所示。

图4-262　　　　图4-263

⑱ 采用同样的方法处理其他位置的图形，如图4-264所示（红圈为光标移动范围），效果如图4-265所示。

图4-264　　　　图4-265

⑨ 在图4-266所示的位置拖曳光标，做出完美的闭环，如图4-267所示。图4-268所示为加上店铺名称后的效果。

图4-266　　　　　　图4-267

图4-268

提示

创建缠绕效果时，如果中间又切换为其他工具，或者有撤销操作的行为，需要执行"对象"|"缠绕"|"编辑"命令，恢复缠绕状态，才能继续进行编辑。如果想释放缠绕效果，将图形复原，可以执行"对象"|"缠绕"|"释放"命令。

4.6.6 边洛斯三角形（形状生成器工具）

　　形状生成器工具是一个通过合并或擦除简单形状来构建复杂图形的交互式工具。如果只想对图形进行合并，或者想删除多余的部分，使用形状生成器工具处理要比用"路径查找器"面板更加简单、方便。

　　本实例使用该工具制作的一个矛盾空间图形——边洛斯三角形，如图4-269所示。在矛盾空间中出现的、同视觉空间毫不相干的矛盾图形称为矛盾空间图形。矛盾空间是创作者刻意违背透视原理，利用平面的局限性及错视凭空制造出来的空间。这种空间存在着不合理性，但又不容易找到矛盾所在，容易引发人的遐想。图4-270所示为埃舍尔的矛盾空间作品——《相对性》，图4-271所示为此创意在大众汽车广告上的应用（主题为"到达别人不能到达的地方"）。

图4-269

图4-270　　　　　　图4-271

① 按Ctrl+N快捷键，打开"新建文档"对话框，使用其中的预设创建A4纸大小的文档。按Ctrl+R快捷键显示标尺，从标尺上拖曳出两条参考线，如图4-272和图4-273所示。

图4-272　　　　　　图4-273

② 选择直线段工具，按住Shift键拖曳光标创建线段，如图4-274所示。使用选择工具并按Shift+Alt快捷键拖曳线段进行复制，如图4-275所示。按Ctrl+D快捷键，继续复制线段，如图4-276所示。

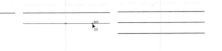

图4-274 图4-275 图4-276

⓽ 按住Shift键单击上面两条线段，将这3条线段一同选取。选择旋转工具 ↻，将光标移动到在参考线交叉点上，如图4-277所示，按住Alt键并单击，打开"旋转"对话框，设置"角度"为120°，单击"复制"按钮，如图4-278所示，旋转并复制图形，如图4-279所示。按Ctrl+D快捷键继续复制，如图4-280所示。

图4-277 图4-278

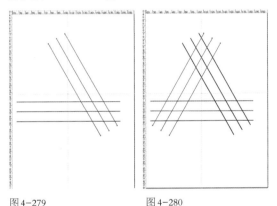

图4-279 图4-280

⓭ 使用直线段工具 ╱ 在图4-281所示的位置创建一条斜线。

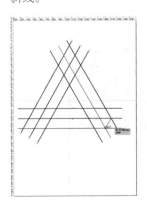

图4-281

⓯ 按Ctrl+A快捷键，选择所有图形。选择形状生成器工具 ⦿，将光标移动到图形上（光标会变为▶₊状），沿图4-282所示的路线拖曳光标，将邻近的图形合并，如图

4-283所示。

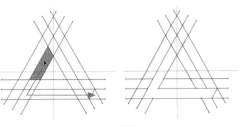

图4-282 图4-283

⓰ 按住Alt键（光标变为▶₋状）在其他图形上拖曳光标，删除图形，如图4-284和图4-285所示。

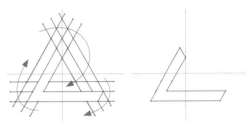

图4-284 图4-285

提示

按住Alt键并单击边缘，可删除边缘。按住Alt键单击一个图形（也可是多个图形的重叠区域），则可删除该图形。

⓱ 选择旋转工具 ↻，将光标移动到参考线交叉点上，如图4-286所示，按住Alt键并单击，打开"旋转"对话框，设置"角度"为120°，单击"复制"按钮，旋转并复制图形，如图4-287所示。按Ctrl+D快捷键继续复制，如图4-288所示。按Ctrl+；快捷键隐藏参考线，如图4-289所示。

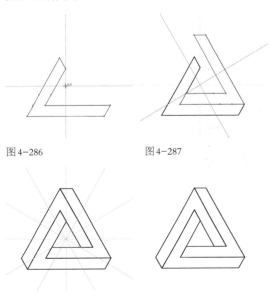

图4-286 图4-287

图4-288 图4-289

08 执行"窗口"|"色板库"|"其他库"命令，在打开的对话框中选择色板文件，如图4-290所示，单击"打开"按钮，打开该色板面板。使用选择工具▶单击图形，用图4-291所示的渐变上色（无描边）。

09 填充渐变后，选择各图形，打开"渐变"面板，调整渐变角度，如图4-292所示。

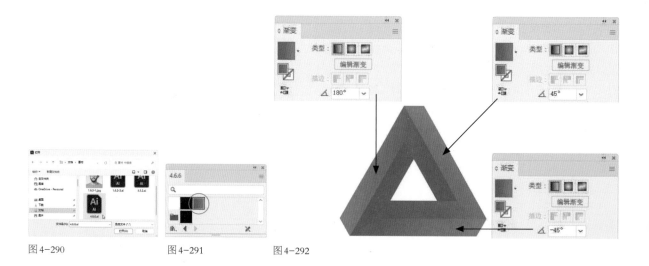

图4-290   图4-291   图4-292

4.7 作业与习题

　　本章介绍怎样使用 Illustrator 中的钢笔工具、铅笔工具等绘图，以及怎样通过组合的方法，从现有图形中创建新的图形。下面是课后作业和习题，有助于读者巩固本章所学知识。

4.7.1 课后作业：文化书屋Logo

　　本实例制作一个文化书屋Logo，如图4-293所示。

图4-293

　　组合现有图形从而构建成新的图形，是非常有用的绘图技巧。操作时先使用钢笔工具✐和椭圆工具◯绘图，如图4-294所示；然后单击"路径查找器"面板中的◱按

钮，减去前方的图形，再全选并单击◱按钮，对图形进行分割，然后将多余的图形删除并调整剩余眼睛图形的大小和位置，如图4-295和图4-296所示；最后，绘制云朵即可，如图4-297所示。

图4-294   图4-295

图4-296   图4-297

4.7.2 课后作业：绘制超萌表情

本实例制作可爱的萌猫表情包，如图4-298所示。

图4-298

操作时使用"置入"命令置入图像素材。使用铅笔工具 ✏ 绘制小猫。选取组成尾巴的彩色图形并编组，在"透明度"面板中设置混合模式为"正片叠底"，如图4-299所示。绘制一些粉红色的圆点，设置混合模式为"正片叠底"。在脸上绘制紫色花纹和黄色的圆脸蛋，如图4-300所示。在画面左下角输入文字，并为文字绘制一个粉红色的背景和一个不规则的黑色描边作为装饰。有不清楚的地方，可以看一看教学视频。

图4-299

图4-300

4.7.3 课后作业：单车联盟App图标

本实例为单车App设计一个图标，如图4-301所示。打开自行车素材，如图4-302所示，双击"图层1"，如图4-303所示，打开"图层选项"对话框，降低图像的显示程度，如图4-304和图4-305所示，以方便在其上方绘图。

图4-301

图4-302

图4-303

图4-304

图4-305

新建一个图层。使用钢笔工具 ✒ 绘制自行车的轮廓图（为便于观察，描边设置得细一些），如图4-306所示。选取所有路径，在"描边"面板中分别单击 ▣ 按钮和 ▣ 按钮，去掉三角形的尖角，如图4-307所示。使用直接选择工具 ▷ 拖曳锚点，调整自行车的结构，如图4-308所示。设置描边粗细为3pt，为图形填色，如图4-309所示。

图4-306

图4-307

图4-308

图4-309

4.7.4 复习题

1. 钢笔工具 ✒ 和曲率工具 ✒ 的橡皮筋预览功能虽然可以帮助用户绘图，但也容易阻挡视线，怎样将其关闭？

2. 直接选择工具 ▷ 和锚点工具 ▷ 都可修改路径的形状，请指出这两个工具的共同点和不同之处。

3. 请提供两种以上角点转换为平滑点的方法。

4. 请简要描述剪刀工具 ✂、美工刀工具 ✐、橡皮擦工具 ◆ 和路径橡皮擦工具 ✐ 的用途及区别。

5. 哪些对象可用于创建复合形状？

第5章
UI设计：渐变、渐变网格与高级上色

5.1 UI设计

　　UI（User Interface 用户界面）是指人和机器互动过程中的界面，如图 5-1 ~ 图 5-4 所示。UI 设计就是研究用户与界面之间交互关系的一种职业，它包含 3 个方向：用户研究、交互设计和界面设计。

App 界面

图 5-1

写实图标

图 5-2

渐变图标

图 5-3

扁平化图标

图 5-4

用户研究包括研究如何提高产品的可用性，使系统的设计更容易被人使用、学习和记忆，以及发掘潜在需求，为技术创新提供新的思路和方法。交互设计是通过设计来加强软件的易用性，让用户可以无障碍地使用。界面设计则强调简易性，既要符合用户的使用习惯，还要结构清晰，并且风格与设计目标、元素外观、交互行为一致。只有界面有序，才能让用户轻松地使用，因此，界面设计要和用户的研究紧密结合，是一个不断地为用户设计满意视觉效果的过程。由此可见，UI设计是一门结合了计算机科学、美学、心理学、行为学等学科的综合性艺术。

5.2 渐变

渐变是单一颜色的明度或饱和度逐渐变化，或者两种及多种颜色组成的平滑过渡效果（如彩虹）。渐变在表现深度、空间感和光影效果时较为常用。在 Illustrator 中使用渐变工具和"渐变"面板可以创建及编辑渐变，使用"颜色"和"色板"面板等可以修改渐变的颜色。

5.2.1 "渐变"面板

选择一个图形对象，如图5-5所示，单击工具面板底部的"渐变"按钮▊，即可为其填充默认的黑白线性渐变，如图5-6和图5-7所示，同时弹出"渐变"面板，如图5-8所示。

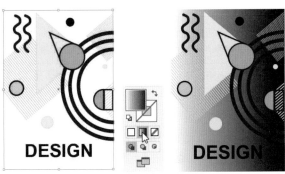

图5-5　　　　图5-6　　图5-7

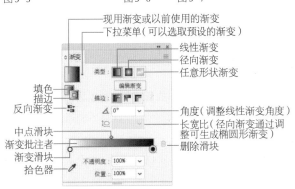

图5-8

在 Illustrator 中可以创建3种渐变：线性渐变、径向渐

变和任意形状渐变。其中线性渐变和径向渐变可用于描边。描边后，单击▊按钮，可在描边中应用渐变；单击▊按钮，可沿描边应用渐变；单击▊按钮，则跨描边应用渐变。图5-9所示为用线性渐变进行描边并单击各按钮时的效果，图5-10所示为径向渐变的描边效果。

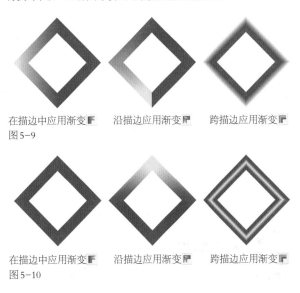

在描边中应用渐变▊　沿描边应用渐变▊　跨描边应用渐变▊
图5-9

在描边中应用渐变▊　沿描边应用渐变▊　跨描边应用渐变▊
图5-10

5.2.2 编辑渐变颜色

"渐变"面板中的每个渐变滑块都对应一种颜色。因此，渐变颜色越丰富，渐变滑块也就越多，如图5-11所示。如果渐变滑块过于拥挤，可以拖曳面板的右下角，将面板拉宽，如图5-12所示。如果要编辑渐变颜色，可通

过下面的方法操作。

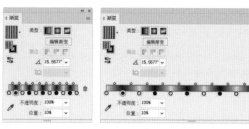

图 5-11　　　　　　图 5-12

● 修改渐变颜色：单击一个渐变滑块可将其选择，如图 5-13 所示，拖曳"颜色"面板中的滑块，可以调整所选渐变滑块的颜色，如图 5-14 和图 5-15 所示。按住 Alt 键并单击"色板"面板中的色板，可将颜色直接应用于所选渐变滑块，如图 5-16 所示。此外，也可将一个色板拖曳到渐变滑块上来改变其颜色。

图 5-13　　　　　　图 5-14

图 5-15

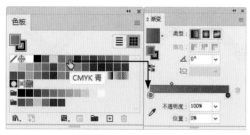

图 5-16

提示

编辑渐变颜色后，单击"色板"面板中的 ⊞ 按钮，可以将渐变保存到该面板中。以后可通过"色板"面板来应用该渐变，而不必重新设置。

● 添加渐变滑块：如果要增加渐变颜色的数量，可以在渐

变批注者下方单击，添加新的渐变滑块并修改颜色，如图 5-17 和图 5-18 所示。此外，也可将"色板"面板中的色板直接拖曳到渐变批注者上。

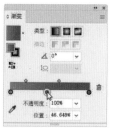

图 5-17　　　　　　图 5-18

● 调整颜色混合位置：拖曳渐变滑块可以调整颜色位置，如图 5-19 所示。在渐变批注者上方，每两个渐变滑块中间（50％处）都有一个菱形的中点滑块，拖曳中点滑块，可以改变其下方两种颜色的混合位置，如图 5-20 所示。

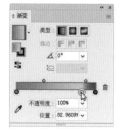

图 5-19　　　　　　图 5-20

提示

单击 🔄 按钮，可以反转渐变颜色的填充顺序。单击一个渐变滑块，调整"不透明度"值，颜色会呈现透明效果。

● 复制与交换滑块：按住 Alt 键并拖曳一个渐变滑块，可以复制它。按住 Alt 键将一个渐变滑块拖曳到另一个滑块上，它们会彼此交换位置。

● 删除渐变滑块：如果要减少颜色数量，可以单击一个渐变滑块，然后单击 🗑 按钮进行删除，也可将其拖曳到"渐变"面板外。

5.2.3 线性渐变

单击"渐变"面板中的 ■ 按钮，可以将渐变类型设置为线性渐变，其效果是颜色从一点到另一点进行直线形混合。

填充线性渐变（或径向渐变）后，当选取渐变工具 ■ 时，对象上会显示渐变批注者，调整渐变批注者上的控件，可以修改渐变的角度、位置和范围，如图 5-21 所示。

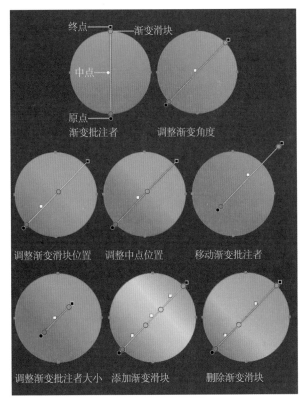

图5-21

- 调整渐变位置、起止点和方向：使用渐变工具 ▦ 在图形上拖曳光标，可以调整渐变的位置、起止点和方向。按住 Shift 键操作，可以将渐变方向设置为水平、垂直或45°的整数倍。

- 移动渐变、调整渐变范围：渐变批注者中的圆形图标是渐变的原点，拖曳原点可以水平移动渐变。拖曳方形（终点）图标，可以调整渐变的范围。

- 旋转渐变：将光标移动到在终点图标旁边，光标变为 ↻ 状时进行拖曳，可以旋转渐变。

- 编辑滑块：双击渐变滑块，打开下拉面板，可以对颜色及颜色的不透明度进行修改。在渐变批注者下方（光标变为 ▸ 状时）单击，可以添加渐变滑块。拖曳渐变滑块和中点，可以调整颜色的位置。将渐变滑块拖出渐变批注者，可将其删除。

5.2.4 径向渐变

单击"渐变"面板中的 ▦ 按钮，可以将渐变类型设置为径向渐变。在径向渐变中，最左侧的渐变滑块定义了颜色填充的中心点，并呈辐射状向外逐渐过渡，直至最右侧的渐变滑块颜色。通过调整渐变批注者上的控件，可以修改径向渐变的焦点、原点和扩展范围，如图5-22所示。

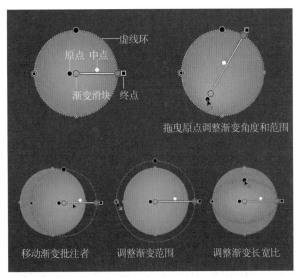

图5-22

- 移动渐变：将光标放在渐变批注者上进行拖曳，可将其移动。

- 调整渐变范围：拖曳虚线环上的双圆图标，可以调整渐变范围。

- 调整长宽比：拖曳虚线环上的圆形图标，调整渐变的长宽比，可以得到椭圆形渐变。拖曳左侧的原点图标，可同时调整渐变的角度和范围。

- 旋转椭圆形渐变：创建椭圆形渐变后，将光标移动到终点图标旁边，当光标变为 ↻ 状时进行拖曳，可以旋转渐变。

5.2.5 点模式任意形状渐变

单击"渐变"面板中的 ▦ 按钮，填充任意形状渐变。在"绘制"选项组中选择"点"选项，图形上会自动添加渐变滑块，并在渐变滑块周围区域添加阴影，如图5-23所示。任意形状渐变没有渐变批注者，因此，渐变滑块的位置可以随意摆放，但不能离开图形，否则会被删除。

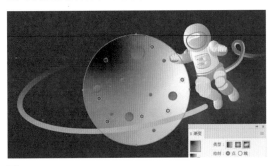

图5-23

5.2.6 线模式任意形状渐变

单击"渐变"面板中的█按钮，并在"绘制"选项组中选择"线"选项，可以创建线模式任意形状渐变。此后在对象上单击，可以添加渐变滑块，与此同时还会生成一条线，将渐变滑块连接起来，并在线条周围区域添加阴影，如图5-24所示。在这条线上单击，可继续添加渐变滑块。拖曳渐变滑块，可以移动其位置。单击一个渐变滑块后按Delete键，可将其删除。

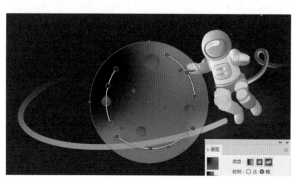

图5-24

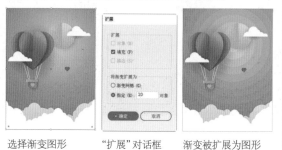

技巧放送 将渐变扩展为图形

选择填充了渐变的对象，执行"对象"|"扩展"命令，打开"扩展"对话框，勾选"填充"复选框，并在"指定"文本框中输入数值（例如，输入20可扩展出20个图形。一般情况下，该值不能低于色标的数量，想要多一些图形，可提高数值），单击"确定"按钮，可以将渐变扩展为图形并自动编组，此外，还会通过剪切蒙版控制其显示范围。

选择渐变图形　　　"扩展"对话框　　　渐变被扩展为图形

5.3 渐变网格

渐变网格是一种网格状图形。其网格部分可以填充不同的颜色，通过网格点可以控制颜色的范围及混合位置。该功能适合制作比渐变更为复杂的颜色变化效果。

5.3.1 创建渐变网格

除复合路径和文本对象外，Illustrator中的其他矢量对象，以及嵌入Illustrator文档中的非链接图像都可以创建为渐变网格。

渐变网格与任意形状渐变的效果有些相似，但其颜色更加复杂多变，可控性也更好，是表现写实效果的最佳工具。图5-25和图5-26所示为使用渐变网格功能制作的机器人。

机器人的网格结构

图5-25

机器人效果

图5-26

渐变网格可以通过两种方法创建。第一种方法是选择网格工具，将光标放在图形上（光标变为状），如图5-27所示，单击，可将图形转换为渐变网格对象并自动生成网格点、网格线和网格片面，如图5-28所示。

图5-27　　　　　　　　图5-28

第二种方法是选择图形后，执行"对象"|"创建渐变网格"命令，打开"创建渐变网格"对话框，按照需要设置网格数量，如图5-29所示。

● 行数/列数：用来设置水平和垂直网格线的数量，范围为1~50。

● 外观：用来设置高光的位置和创建方式。选择"平淡色"选项，无高光，如图5-30所示；选择"至中心"选项，可在对象中心创建高光，如图5-31所示；选择"至边缘"选项，则在对象的边缘创建高光，如图5-32所示。

图5-29

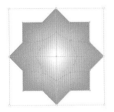

图5-31

图5-30

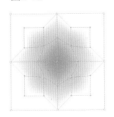

图5-32

● 高光：用来设置高光的强度。该值为100%时，可以将最大强度的白色高光应用于对象。该值为0%时，不会应用白色高光。

5.3.2 为渐变网格上色

为渐变网格上色前，要单击工具栏底部的"填色"按钮，切换到填色可编辑状态（也可按X键切换填色和描

边状态），如图5-33所示。为网格点上色时，可以使用网格工具单击网格点，如图5-34所示，然后单击"色板"面板中的一个色板，如图5-35和图5-36所示。也可以拖曳"颜色"面板中的滑块，动态调整所选网格点的颜色，如图5-37和图5-38所示。

图5-33　　　图5-34

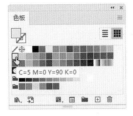

图5-35　　　　　　　　图5-36

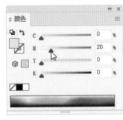

图5-37　　　　　　　　图5-38

为网格片面上色时，可以使用直接选择工具在网格片面上单击，如图5-39所示，然后通过"色板"面板或"颜色"面板进行上色或调色处理，如图5-40和图5-41所示。

图5-39　　　　　　　　图5-40

图5-41

> **提示**
> 将"色板"面板中的一个色板拖曳到网格点或网格片面上，可为其上色。使用吸管工具在一个单色填充的对象上单击，可拾取其颜色作为所选网格点或网格片面的颜色。

5.3.3 编辑网格点

渐变网格的网格点与锚点的编辑方法基本相同，但网格点的形状为菱形，可以接受颜色，而锚点为方形，不能接受颜色。

● 添加、删除网格点：使用网格工具📧在网格线或网格片面上单击，可以添加网格点，如图5-42和图5-43所示。将光标移动到网格点上，按住 Alt 键（光标变为🔲状），如图5-44所示，单击，可删除网格点，与此同时，由该点连接的网格线也会被删除，如图5-45所示。

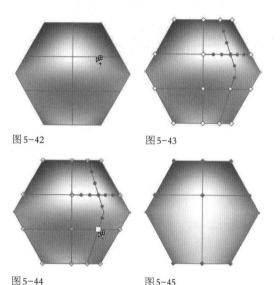

图 5-42   图 5-43

图 5-44   图 5-45

● 添加、删除锚点：使用添加锚点工具✒️和删除锚点工具✒️可以在网格线上添加和删除锚点。通过锚点可以调整网格线的形状。

● 选择网格点：选择网格工具📧，将光标放在网格点上，光标变为🔲状时，如图5-46所示，单击可选择网格点（选中的网格点为实心菱形），如图5-47所示。

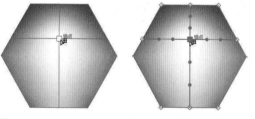

图 5-46   图 5-47

● 选取多个网格点：使用直接选择工具▷在网格点上单击，可以选择网格点。按住 Shift 键单击多个网格点，可将其一同选取，如图5-48和图5-49所示。拖曳出矩形选框，可将选框内的所有网格点都选中，如图5-50所示。如果想选取非矩形区域内的多个网格点，可以使用套索工具🔗

并按住 Shift 键拖曳出选框，如图5-51所示。

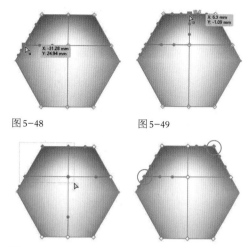

图 5-48   图 5-49

图 5-50   图 5-51

● 拖曳网格点：使用直接选择工具▷和网格工具📧都可以拖曳网格点，对其进行移动。使用网格工具📧时，按住 Shift 键拖曳，可将移动范围限制在网格线上，如图5-52和图5-53所示。当需要沿一条弯曲的网格线移动网格点时，采用这种方法不会扭曲网格线。

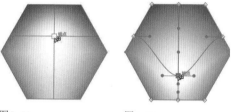

图 5-52   图 5-53

● 移动网格片面：使用直接选择工具▷拖曳网格片面，可对其进行移动。

● 修改网格线的形状：使用网格工具📧或直接选择工具▷拖曳方向点，可以调整方向线，进而改变网格线的形状，如图5-54所示。使用网格工具📧时，按住 Shift 键拖曳，还可同时调整该点上的所有方向线，如图5-55所示。

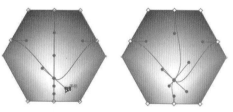

图 5-54   图 5-55

> **提示**
>
> 为网格点上色后，使用网格工具📧在网格区域单击，新生成的网格点将与上一个网格点使用相同的颜色。按住 Shift 键单击网格区域，可添加网格点，而不改变其填充颜色。

5.3.4 从网格对象中提取路径

选择网格对象，如图5-56所示，执行"对象"|"路径"|"偏移路径"命令，打开"偏移路径"对话框，将"位移"设置为0mm，如图5-57所示，可以得到与网格图形相同的路径。新路径与网格对象重叠，可以使用选择工具 ▶ 将其移开，如图5-58所示。

5.3.5 将渐变扩展为渐变网格

选择填充了渐变的对象，如图5-59所示，使用网格工具 囗 单击，可将其转换为渐变网格对象，但会丢失渐变颜色，如图5-60所示。如果要保留渐变颜色，可以执行"对象"|"扩展"命令，在打开的对话框中勾选"填充"和"渐变网格"复选框。

图5-56

图5-57

图5-58

图5-59

图5-60

5.4 实时上色

实时上色是一种较为特殊的上色和描边功能，它模拟了绘画的涂色过程，操作时就像在涂色簿上填色或用水彩为铅笔素描上色。

5.4.1 创建实时上色组

同时选择多个对象，执行"对象"|"实时上色"|"建立"命令，可以创建实时上色组，如图5-61所示。组中的路径会将图稿分割成不同的区域，并由此形成数量不等的表面和边缘。表面可以填色，边缘可进行描边。有些对象需要转换为路径才能进行实时上色。如果是文字，可以执行"文字"|"创建轮廓"命令进行转换；如果是图像和画笔，可以执行"对象"|"扩展"命令进行转换。

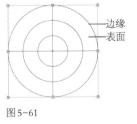
图5-61

5.4.2 为表面和边缘上色

创建实时上色组后，在"颜色""色板"或"渐变"面板中将填色设置为当前编辑状态，并设置填充颜色，如图

5-62所示。选择实时上色工具 🛢，将光标移动到对象上方，当检测到表面时，会突出显示红色的边框，同时，工具上方会显示当前选取的颜色。如果这是从"色板"面板中选取的颜色，则显示3个色板，如图5-63所示。中间为当前选取的颜色，两侧是与其相邻的颜色（可以按←键和→键切换颜色）。在表面上单击，即可填色，如图5-64所示。

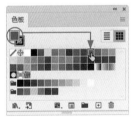
图5-62

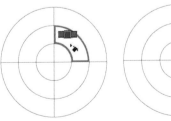
图5-63
图5-64 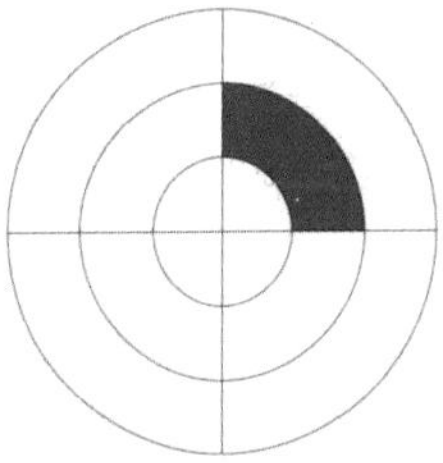

如果要为边缘上色，可以将描边设置为当前可编辑

状态,并设置描边颜色,如图5-65所示。将光标移动到边缘上方,按住Shift键(光标变为↘状),如图5-66所示,单击即可。上色后,还可以使用实时上色选择工具⬛或直接选择工具▷单击边缘,将其选择,然后修改描边粗细,如图5-67所示。

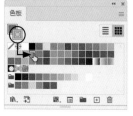

图5-65

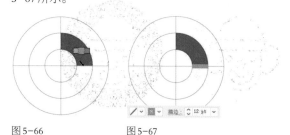

图5-66　　　　　　　　图5-67

> **提示**
>
> 为单个图形的表面上色时不必选择对象。如果要对多个图形表面上色,可以使用实时上色选择工具⬛,同时按住Shift键单击这些表面,将其选择,然后再进行处理。如果跨多个表面拖曳光标,则可为这些表面上色。

技巧放送　向实时上色组中添加路径

如果想在实时上色组中增加表面和边缘,可在其上方绘制路径,并与实时上色组一同选取,然后单击"控制"面板中的"合并实时上色"按钮,将路径合并到实时上色组中。

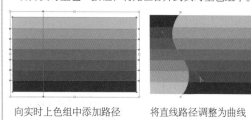

向实时上色组中添加路径　　　　　将直线路径调整为曲线

5.4.3　修改形状

使用直接选择工具▷和锚点工具⌐可以选取并修改实时上色组中的路径形状,填色和描边会自动应用到新的区域,如图5-68和图5-69所示。

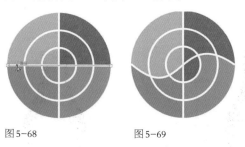

图5-68　　　　　　　图5-69

5.4.4　释放和扩展实时上色组

选择实时上色组,如图5-70所示,执行"对象"|"实时上色"|"释放"命令,可以将其解散,释放出黑色描边(0.5pt)、无填色的路径,如图5-71所示。执行"对象"|"实时上色"|"扩展"命令,可将其扩展,即之前由路径分割出来的表面和边缘,会成为各自独立的图形,即图稿被真正地分割开了。图5-72所示为删除部分路径后的效果。

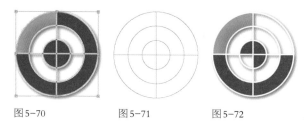

图5-70　　　　　图5-71　　　　　图5-72

5.5 设计与实战

本节包含7个设计实战,通过这些实战可以学习为图稿重新上色、全局色的使用方法,多图形渐变填充技巧,渐变在UI设计中的应用,以及用渐变网格制作真实的拟物图标。

5.5.1　为图标重新上色

下面使用"重新着色图稿"命令修改图稿颜色,该命令还可以调整、替换、增加和减少颜色数量,此外,还能对图稿中的所有颜色进行全局性调整。

01 打开素材，如图5-73所示。使用选择工具▶拖曳出一个选框，将图标选取，如图5-74所示。

图5-73　　　　　　　　　　图5-74

02 单击"控制"面板中的⊕按钮，打开"重新着色图稿"对话框，如图5-75所示。色轮上的圆形颜色标记与图稿中使用的颜色一一对应，拖曳一个圆形标记，其他标记也会一同移动，图标的整体颜色就会发生改变，如图5-76和图5-77所示。

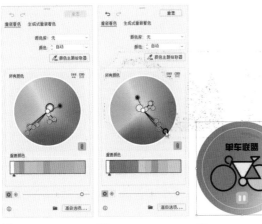

图5-75　　　　图5-76　　　　图5-77

03 如果想单独调整某个颜色标记，可以单击⊗按钮，取消色彩之间的链接，然后拖曳该颜色对应的圆形标记即可，如图5-78所示。

图5-78

04 "重要颜色"选项下方的颜色条里包含了图稿中最重

要的几种颜色，将光标放在一个颜色上方，进行拖曳，可以减少（或增加）这种颜色在图稿中的权重，如图5-79所示。

图5-79

05 单击"颜色库"选项右侧的∨按钮，可以打开下拉菜单选择配色方案。例如，执行"食品"|"甜品"命令，如图5-80所示，可以使用该色板库中的色板替换图稿颜色，如图5-81所示。

图5-80　　　　　　　图5-81

06 单击"颜色主题拾取器"按钮，如图5-82所示，将光标移动到图像素材上，单击，可拾取图像的整体颜色并应用于图标，如图5-83所示。

图5-82　　　　　　图5-83

技巧放送 自动生成配色方案

在"色板"面板或"颜色"面板中选取一种颜色后，"颜色参考"面板会基于某个颜色协调规则自动生成一套配色方案，以协助用户做好颜色搭配。单击该面板中的∨按钮，打开下拉菜单，可以选取颜色协调规则。

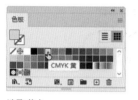 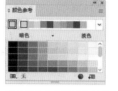

选取蓝色　　　　　　　　基于蓝色生成的配色方案

5.5.2 使用全局色为藏书票上色

全局色是一种特殊的色板，使用它进行编辑，文档中所有使用了这一色板的对象会自动更新颜色，也就是说，不必选取对象，就能修改其颜色。

01 打开素材。使用选择工具▶在黑色的小猫图形上单击，将其选取，如图5-84所示。

图5-84

02 执行"选择"|"相同"|"填色和描边"命令，选取所有使用黑色作为填色和描边的对象，如图5-85所示。

图5-85

03 在"色板"面板中将填色设置为当前可编辑状态，如图5-86所示。单击⊞按钮，打开"新建色板"对话框，勾选"全局色"复选框，如图5-87所示，然后关闭对话

框，将图形所使用的颜色（黑色）创建为全局色。

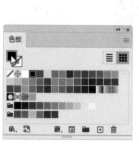 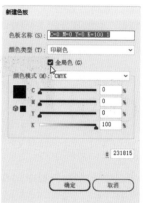

图5-86　　　　　　　　图5-87

04 单击一个绿色图形，如图5-88所示，执行"选择"|"相同"|"填色和描边"命令，将其他绿色图形一同选取并创建为全局色，如图5-89和图5-90所示（全局色右下角有白色的三角标志）。

图5-88

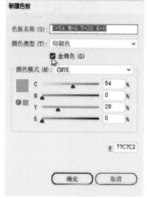 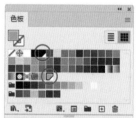

图5-89　　　　　　　　图5-90

05 定义好全局色以后，当需要修改图形颜色时，只要双击"色板"面板中的全局色（即上图圆圈中的色板），打开"色板选项"对话框进行调整即可，如图5-91和图5-92所示，文档中所有使用全局色色板的对象都会自动更

图5-91

新颜色，如图5-93所示。

图5-92

图5-93

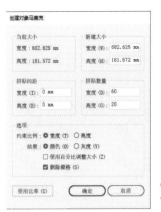

图5-97　　　　　　　　　　　图5-98

03 选择魔棒工具 ，设置"容差"为20，如图5-99所示，在靠近文字的背景上单击，将白色图形选取，如图5-100所示，按Delete键删除。

图5-99　　　　　　　　　　图5-100

5.5.3 制作马赛克效果影音版块文字

本实例制作一组马赛克效果的影音版块特效字，如图5-94所示。实例中介绍了矢量对象的栅格化方法（即转换为图像），以及为多个图形填充渐变的技巧。

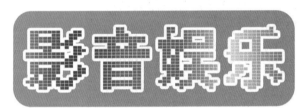

图5-94

01 打开文字图形，如图5-95所示。使用选择工具 ▶ 选取文字，执行"对象"|"栅格化"命令，打开"栅格化"对话框。在"背景"选项组中选中"透明"单选按钮，这样栅格化后，背景是透明的。其他参数设置如图5-96所示，单击"确定"按钮，将图形转换为图像。

04 使用选择工具 ▶ 选取文字图形。单击工具栏中的 按钮，填充渐变，如图5-101和图5-102所示。

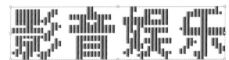

图5-101　　　　图5-102

05 选择渐变工具 ，将光标移到文字最左侧，按住Shift键并拖曳光标，重新填充渐变，如图5-103所示。修改渐变颜色，如图5-104所示。设置描边颜色为黑色、粗细为2pt，如图5-105所示。

图5-95　　　　　　　　　　图5-96

02 执行"对象"|"创建对象马赛克"命令。在"拼贴数量"选项组中设置"宽度"为60、"高度"为20。勾选"删除栅格"复选框（表示删除原图像），如图5-97所示。单击"确定"按钮，基于当前图像生成一个矢量的马赛克拼贴状图形，如图5-98所示。

图5-103

图5-104　　　　　　　　图5-105

06 下面调整"影"字的效果。选择编组选择工具▷，按住Shift键并单击如图5-106所示的两个图形，将其选取，按↓键向下移动，如图5-107所示。将填满"日"字的图形选取，按Delete键删除，如图5-108所示。

图5-106   图5-107   图5-108

07 选择矩形工具▢，创建一个矩形，按Alt+Ctrl+[快捷键将其移至底层作为背景。拖曳控制构件，调整为圆角，如图5-109所示。

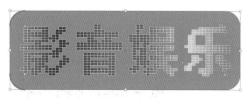

图5-109

08 使用选择工具▶单击文字。按Ctrl+C快捷键复制，按Ctrl+B快捷键粘贴到后方。设置描边颜色为白色、粗细为40pt，如图5-110所示。

图5-110

09 执行"效果"|"风格化"|"圆角"命令，将马赛克边缘改为圆角，如图5-111和图5-112所示。

图5-111   图5-112

5.5.4 制作智能车速表App界面

本实例制作汽车仪表盘上的环形图，如图5-113所示。环形图灵动、活跃，具有美观和易于理解等特点，用户可通过它迅速理解数据。

图5-113

01 打开素材，如图5-114所示。选择椭圆工具◯，按住Shift键拖曳光标创建圆形。单击"控制"面板中的➡按钮，让图形居中对齐，如图5-115所示。

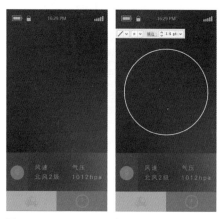

图5-114   图5-115

02 设置描边颜色为渐变，如图5-116和图5-117所示。按Ctrl+C快捷键复制图形。

图5-116   图5-117

03 使用直接选择工具▷单击如图5-118所示的锚点，将其选取，按Delete键删除，如图5-119所示。

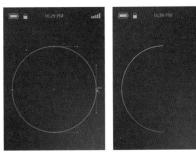

图5-118　　　　　图5-119

④ 在半圆形下方创建一个小圆，如图5-120和图5-121所示。

图5-120　　　　　图5-121

⑤ 按Ctrl+V快捷键粘贴图形，如图5-122所示。按住Shift+Alt快捷键并拖曳控制点，让图形以圆心为基点向内缩小，如图5-123所示。

图5-122　　　　　图5-123

⑥ 在"描边"面板中修改描边粗细为14pt。单击"平头端点"按钮 ，勾选"虚线"复选框并设置参数，如图5-124所示，创建虚线描边，如图5-125所示。

图5-124　　　　　图5-125

⑦ 保持圆形的被选取状态。现在圆形上有4个锚点，执行"对象"|"路径"|"添加锚点"命令，再添加4个锚点。使用直接选择工具 单击如图5-126所示的锚点，按Delete键删除，如图5-127所示。

图5-126　　　　　图5-127

⑧ 使用文字工具**T**输入文字，如图5-128和图5-129所示。

图5-128　　　　　图5-129

5.5.5 制作立体数字图标

本实例使用渐变工具制作一个玻璃质感的数字图标，如图5-130所示。

图5-130

01 选择椭圆工具 ◯，在画板上单击，弹出"椭圆"对话框，参数设置如图5-131所示，单击"确定"按钮，创建一个圆形，如图5-132所示。

图5-131　　　　　　图5-132

02 设置描边粗细为60pt，颜色为渐变色。单击"沿描边应用渐变"按钮，如图5-133和图5-134所示。

图5-133　　　　　　图5-134

03 双击旋转工具 ○，打开"旋转"对话框，设置角度为−35°，如图5-135和图5-136所示。

图5-135　　　　　　图5-136

04 选择椭圆工具 ◯，按住Shift键并拖曳光标创建圆形，为它填充线性渐变，如图5-137和图5-138所示。按Ctrl+A快捷键全选，按Ctrl+G快捷键编组。

图5-137　　　　　　图5-138

05 使用选择工具 ▶ 选取图形，按住Shift键向下拖曳光标进行复制，如图5-139所示。双击旋转工具 ○，在打开的"旋转"对话框中设置"角度"为−180°，如图5-140和图5-141所示。

图5-139　　图5-140　　图5-141

06 按Ctrl+A快捷键选取所有图形，执行"效果"|"风格化"|"投影"命令，为这些图形添加投影，如图5-142和图5-143所示。

图5-142　　　　　　图5-143

07 执行"效果"|"风格化"|"羽化"命令，让图形边缘的颜色变得柔和一些，使其看上去呈现凸出效果，如图5-144和图5-145所示。

图5-144　　　　　　图5-145

08 创建一个矩形，通过拖曳控制构件将其调整为圆角，按Shift+Ctrl+[快捷键调整到底层。执行"效果"|"风格化"|"投影"命令，为其添加投影，如图5-146和图5-147所示。

图5-146　　　　　　图5-147

5.5.6 制作纽扣风格ICON图标

本实例使用渐变、效果和图形样式制作纽扣风格

ICON图标，如图5-148所示。

图5-148

① 选择椭圆工具 ⬭ ，在画板上单击，弹出"椭圆"对话框，设置椭圆形的大小，如图5-149所示，单击"确定"按钮，创建一个圆形。设置描边颜色为深绿色，无填色，如图5-150所示。

图5-149　　　　　　　　图5-150

② 执行"效果"|"扭曲和变换"|"波纹效果"命令，参数设置如图5-151所示，在路径上生成有规律的波纹，如图5-152所示。

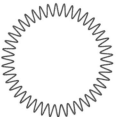

图5-151　　　　　　　　图5-152

③ 按Ctrl+C快捷键复制该图形，按Ctrl+F快捷键粘贴到前面，将描边颜色设置为浅绿色，如图5-153所示。使用选择工具 ▶ ，将光标放在定界框的一角，轻轻拖曳光标，将图形旋转，如图5-154所示，两个波纹图形错开后，一深一浅的搭配使图形产生厚度感。

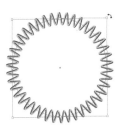

图5-153　　　　　　　　图5-154

④ 选择椭圆工具 ⬭ ，按住Shift键的同时拖曳光标，创建一个圆形，填充线性渐变，如图5-155和图5-156所示。

图5-155　　　　　　　　图5-156

⑤ 执行"效果"|"风格化"|"投影"命令，为图形添加投影，使其产生立体感，如图5-157和图5-158所示。

图5-157　　　　　　　　图5-158

⑥ 创建一个圆形，如图5-159所示。执行"窗口"|"图形样式库"|"纹理"命令，打开"纹理"面板，单击"RGB石头3"纹理，为圆形添加该纹理图形样式，如图5-160和图5-161所示。

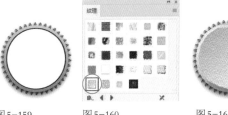

图5-159　　　　图5-160　　　　图5-161

⑦ 设置混合模式为"柔光"，使纹理图形与绿色渐变图形融合，如图5-162和图5-163所示。

图 5-162

图 5-163

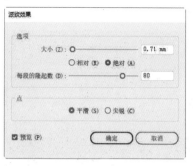

图 5-170

图 5-171

⑧ 在画板的空白处分别创建一大一小两个圆形，如图5-164所示。选取这两个圆形，分别单击"对齐"面板中的 🔳 按钮和 🔳 按钮，将图形对齐。单击"路径查找器"面板中的 🔳 按钮，让两个圆形相减，得到一个环形，为其填充深绿色，如图5-165所示。

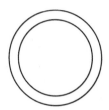

图 5-164

图 5-165

⑨ 执行"效果"|"风格化"|"投影"命令，为图形添加投影，如图5-166和图5-167所示。

图 5-166

图 5-167

⑩ 选择一开始制作的波纹图形，复制以后将其粘贴到最前面，设置描边颜色为浅绿色、描边粗细为0.75pt，效果如图5-168所示。双击"外观"面板中的"波纹效果"，如图5-169所示，弹出"波纹效果"对话框，修改参数，如图5-170所示，让波纹变得细密，如图5-171所示。

图 5-168

图 5-169

┌─────────── **提示** ───────────┐
当大小相近的图形重叠排列时，要选取位于最下方的图形就不太容易，尤其是某个图形添加了"投影"或"外发光"等效果，其范围比其他图形大许多，无论需要与否，在选取图形时总会将这样的对象误选。遇到这种情况时，可以单击"图层"面板中的 ❯ 按钮，将图层展开以显示子图层，之后找到对象所在的子图层，在右侧的选择列单击，通过这种方法进行选取。
└────────────────────────────────┘

⑪ 按Ctrl+F快捷键，再次在前面粘贴波纹图形，设置描边颜色为嫩绿色、描边粗细为0.4pt，同时调整波纹效果参数，如图5-172和图5-173所示。

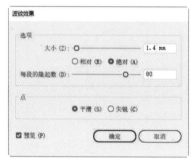

图 5-172

图 5-173

⑫ 创建一个小一点的圆形，设置描边颜色为浅绿色，如图5-174所示。单击"描边"面板中的 🔳 按钮和 🔳 按钮，勾选"虚线"复选框，设置"虚线"参数为3pt、"间隙"参数为4pt，如图5-175所示。这样就可以制作出缝纫线的效果，且路径的端点皆为圆角，如图5-176所示。

图 5-174

图 5-175

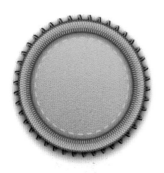

图5-176

⑬ 执行"效果"|"风格化"|"外发光"命令，通过添加"外发光"效果，使缝纫线产生立体感，如图5-177和图5-178所示。

图5-177   图5-178

─── 提示 ───
制作到这里需要将图形全部选取（单击"对齐"面板中的按钮，将图形进行垂直与水平方向的居中对齐）。

⑭ 执行"窗口"|"符号库"|"网页图标"命令，打开"网页图标"面板，将"短信"符号拖曳到图标上，如图5-179所示。

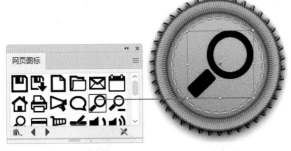

图5-179

⑮ 单击"符号"面板底部的 ◤ 按钮，断开链接，使画板上的符号成为可编辑对象，如图5-180所示。将组成放大镜的两个图形选取，如图5-181所示，按Ctrl+G快捷键编组。

图5-180

图5-181

⑯ 按Ctrl+C快捷键复制该图形。设置混合模式为"柔光"，如图5-182和图5-183所示。

图5-182   图5-183

⑰ 按Ctrl+F快捷键粘贴图形，设置描边颜色为白色、描边粗细为1.5pt，无填色。设置混合模式为"叠加"，如图5-184和图5-185所示。

图5-184   图5-185

⑱ 执行"效果"|"风格化"|"投影"命令，打开"投影"对话框，参数设置如图5-186所示，使图形产生立体感，效果如图5-187所示。使用相同的方法可以制作出更多的彩色图标。

图5-186   图5-187

5.5.7 使用渐变网格制作拟物图标

渐变网格是用于表现真实效果的最佳工具，本实例使用它制作一个相机拟物图标，如图5-188所示。拟物图标是指模拟现实物品的造型和质感，适度概括、变形和夸张，通过表现高光、纹理、材质、阴影等效果对实物进行再现。拟物图标具有直观、有趣、辨识度高等特点，即能让人一眼就认出是什么。

图5-188

① 打开相机素材，机身是为图形填充渐变制作而成的。下面制作镜头。使用椭圆工具◎创建一个圆形，填充黑色，无描边，如图5-189所示。

图5-189

② 执行"对象"|"创建渐变网格"命令，参数设置如图5-190所示，将圆形转变为渐变网格对象，如图5-191所示。

图5-190

图5-191

③ 使用网格工具图单击网格点，将其选取，单击"颜色"面板中的"填色"按钮□，切换到填色编辑状态，拖曳滑块为网格点上色，如图5-192和图5-193所示。

图5-192

图5-193

④ 采用同样的方法为其他网格点上色，如图5-194所示（白圈内3个网格点的颜色相同）。

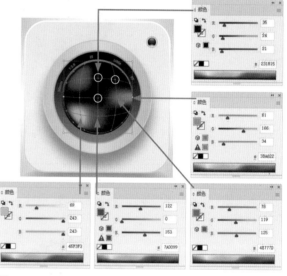

图5-194

⑤ 单击如图5-195所示的网格点，按住Shift键向左拖曳，让它沿网格线移动，调整到图5-196所示的位置。

图5-195

图5-196

⑥ 拖曳下方的网格点，如图5-197所示。调整网格线，让颜色的过渡效果平顺、柔和，如图5-198所示。

图5-197　　　　图5-198

07 采用同样的方法移动网格点和网格线。需要沿网格线移动时，可以按住Shift键拖曳。网格点位置如图5-199所示，填色效果如图5-200所示。按Ctrl+2快捷键将图形锁定。

图5-199　　　　图5-200

08 创建一个圆形，填充渐变，如图5-201所示。设置混合模式为"叠加"，如图5-202和图5-203所示。

图5-201　　　　图5-202

图5-203

09 打开素材，如图5-204所示。使用选择工具▶将其拖曳到相机文档中，修改混合模式和不透明度，如图5-205和图5-206所示。

图5-204

图5-205　　　　图5-206

10 使用选择工具▶按住Alt键拖曳图形进行复制，调小后在定界框外按住Shift键拖曳，将图形旋转，如图5-207所示。再复制出一个图形，在"透明度"面板中将"不透明度"设置为17%，让图形再透明一些，效果如图5-208所示。

图5-207　　　　图5-208

11 选择光晕工具◙，将光标放在如图5-209所示的位置，拖曳光标，放置中央手柄同时定义光晕范围，如图5-210所示；向下移动光标，在图5-211所示的位置单击，设置末端手柄并添加光环并拖曳光标。

图5-209　　　　图5-210

图5-211

12 双击光晕工具◙，打开"光晕工具选项"对话框，修改参数并取消"射线"复选框的勾选，如图5-212所示，效果如图5-213所示。

图5-212

图5-213

渐变，如图5-216所示，修改混合模式和"不透明度"，如图5-217和图5-218所示。

图5-216

图5-217

图5-218

⑮ 在下方创建一个椭圆形，填充白色，无描边，修改混合模式和"不透明度"，如图5-219和图5-220所示。

> **提示**
>
> 光晕图形包含中央手柄、射线等不同的控制组件。
>
>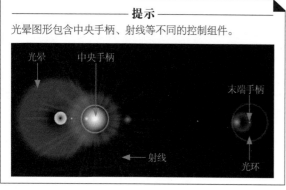

⑬ 修改图形的混合模式和"不透明度"，如图5-214和图5-215所示。

图5-214

图5-215

⑭ 使用椭圆工具 ◎ 创建一个椭圆形，填充包含透明度的

图5-219

图5-220

5.6 作业与习题

本章介绍了渐变、渐变网格和高级上色功能。下面是课后作业和习题，有助于巩固本章所学知识。

5.6.1 课后作业：通过添加阴影制作扁平化图标

图5-221所示为本实例的素材。这是使用曲率工具 ✒ 绘制的小鸟标志（制作方法见4.6.1节）。下面使用渐变工具将其制作为扁平化图标，如图5-222所示。扁平化图标通过简化、抽象的图形来表现主题内容，能让用户更加专注于

内容本身。由于去掉了繁复的装饰，使得展示个性的空间变小。这也是扁平化设计看似简单，但要做出独特风格却很难的原因。

图5-221

图5-222

使用钢笔工具✐绘制阴影图形，填充包含透明区域的渐变，如图5-223和图5-224所示。设置混合模式为"正片叠底"，如图5-225所示。按Alt+Ctrl+[快捷键移至底层，效果如图5-226所示。

图5-223

图5-224

图5-225

图5-226

在头顶羽毛下方绘制阴影图形，填充相同的渐变颜色，效果如图5-227所示。设置混合模式为"正片叠底"并移至底层，效果如图5-228所示。

图5-227

图5-228

5.6.2 课后作业：为卡通头像制作帽子

本实例为卡通头像制作一顶帽子，如图5-229所示。

打开素材，如图5-230所示。使用铅笔工具✐或钢笔工具✐绘制帽子图形，如图5-231所示。绘制几条路径，长度超过帽子，如图5-232所示。选择帽子和绘制的路径，如图5-233所示，执行"对象"|"实时上色"|"建立"命令，创建实时上色组。使用实时上色工具上色，如图5-234所示。

图5-229

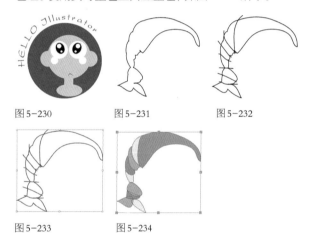
图5-230　　图5-231　　图5-232

图5-233　　图5-234

5.6.3 复习题

1. 为网格点或网格片面上色前，需要先进行怎样的操作？

2. 网格点比锚点多了哪种属性？

3. 怎样将渐变对象转换为渐变网格对象，同时保留渐变颜色？

4. 如果对象不能直接转换为实时上色组，怎样操作才能破解这个难题？

5. 当实时上色组中的表面或边缘不够用时，该怎样处理？

6. 当很多图形都使用了一种或几种颜色，并且经常要修改这些图形的颜色时，有什么简便的方法？

第6章
版面设计：文字的创建与编辑

6.1 版面设计的构成形式

版面设计是将文字、图片（图形）及色彩等视觉传达要素，进行有组织、有目的的组合排列的设计行为与过程。应用范围涉及书籍、画册、海报、网页等领域，是视觉传达的重要手段。版面设计的构成形式主要有以下几种。

● 网格型：将版面划分为若干网格形态，用网格限定图文信息位置，可以使版面充实、规范、理性而富有条理，适合版面上内容较多、图形较繁杂的广告、宣传单等，如图 6-1 所示。但网格编排不能过于规律化，否则容易造成单调的视觉印象，适当对网格的大小和色彩等进行变化处理，可以增加版面的趣味性，如图 6-2 所示。

● 标准型：简单而规则化的版面编排形式。图形在版面中上方，占据大部分位置，其次是标题和说明文字等，如图 6-3 所示。这种编排方式具有良好的安定感，观众的视线以自上而下的顺序流动，符合人们认识思维的逻辑顺序。

图 6-1   图 6-2   图 6-3

● 标题型：标题位于中央或上方，占据版面的醒目位置，如图 6-4 所示。这种编排形式首先引起观众对标题的注意，使其留下明确的印象，再让观众通过图形获得感性形象认识，激发兴趣，进而阅读版面下方的内容，获得一个完整的认识。

● 中轴型：这是一种对称的构成形态，具有良好的平衡感，如图 6-5 所示。版面上的中轴线可以是有形的，也可以是隐形的。

● 放射型：放射型的版面结构可以统一视觉中心，具有多样而统一的综合视觉效果，能产生强烈的动感和视觉冲击力，但极不稳定，在版面上安排其他的构成要素时，应作平衡处理，同时也不宜产生太多的交叉与重叠，如图 6-6 所示。

● 切入型：一种不规则的、富于创造性的编排方式。在编排时刻意将不同角度的图形从版面的上、下、左、右方向切入版面，而图形又不完全进入版面，余下的空白位置配置文字，如图6-7所示。这种编排方式可以突破版面的限制，在视觉心理上扩大版面空间，给人以空畅之感。

图6-4　　　　　　　　图6-5　　　　　　　　图6-6　　　　　　　　图6-7

6.2 创建文字

使用 Illustrator 可以创建 3 种类型的文字，即横向或纵向排列的点文字，用矩形框限定文字范围的段落文字，以及在路径上方或矢量图形内部排布的路径文字。

6.2.1 创建点文字

点文字适合字数较少的设计文案，如标题、标签和网页上的菜单选项，以及海报上的宣传主题等。

选择文字工具 **T**，放置在画板上，光标会变为 状，单击，会显示闪烁的"I"形光标，如图6-8所示，此时可输入文字。如果一直输入，文字会一直排布下去。需要换行时，可以按Enter键。按Esc键或单击其他工具，结束文字的输入，即可创建点文字，如图6-9所示。

> **提示**
> 创建点文字时应避免单击图形，否则会将图形转换为区域文字的文本框或路径文字的路径。如果现有的图形恰好位于要输入文本的地方，可先将该图形锁定或隐藏。

> **技巧放送 文字占位符**
> 创建文字时，Illustrator会自动填充占位符，以方便用户观察整体版面效果。如果不需要占位符，可以执行"编辑"|"首选项"|"文字"命令，打开"首选项"对话框，取消"用占位符文本填充新文字对象"复选框的勾选。

图6-8　　　　　　　　图6-9

文字占位符（依次为点文本、区域文本、路径文本）

创建点文字后，使用文字工具 **T** 在文本中单击，设置插入点，可继续输入文字，如图6-10和图6-11所示。当光标在文字上方变为 I 状时，拖曳光标，可以选取文字，如图6-12所示。选择文字后可修改内容，也可在"控制"面板和"字符"面板中修改文字的颜色、字体、间距等属性，如图6-13所示。按Delete键，则删除所选文字。

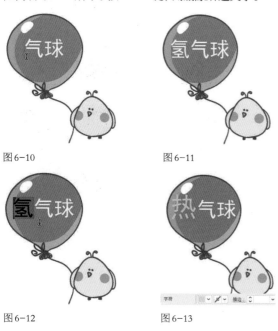

图6-10

图6-11

图6-12

图6-13

6.2.2 创建区域文字

区域文字（也称段落文字）适合制作宣传单、说明书等文字内容较多的图稿。它能将文字限定在矩形或其他形状的图形内部，令文本呈现图形化的外观，当文本到达图形边界时还能自动换行。

选择文字工具 T （也可使用直排文字工具 IT），拖曳出一个矩形范围框，如图6-14所示，释放鼠标左键，输入文字，即可在矩形内创建区域文字，如图6-15所示。按Esc键可结束编辑。

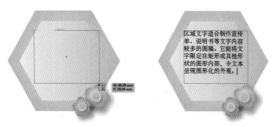

图6-14

图6-15

如果想在一个图形内部输入文字，可以选择区域文字工具 ⊤，将光标移动到图形边缘的路径上，当光标变为 I 状时，如图6-16所示，单击，删除对象的填色和描

边，之后便可输入文字，如图6-17所示。

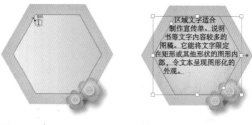

图6-16

图6-17

使用选择工具 ▶ 拖曳定界框上的控制点，可以调整文本框的大小，如图6-18所示。在文本框外拖曳，可进行旋转，文字会重新排列，但文字的大小和角度不变，如图6-19所示。如果想让文字连同文本框一同旋转（或缩放），可以使用旋转工具 ○（或比例缩放工具 ⊡）操作，如图6-20所示。使用直接选择工具 ▷ 改变图形的形状时，文字还会基于新图形自动调整位置，如图6-21所示。

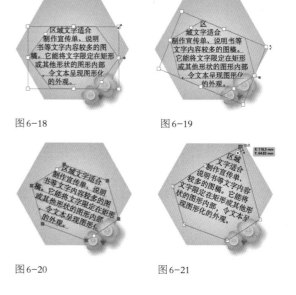

图6-18

图6-19

图6-20

图6-21

6.2.3 创建路径文字

路径文字是指在路径上方排布的文字，文字会随着路径的弯曲而呈现起伏、转折效果。

Illustrator 中的路径文字工具 ＜、直排路径文字工具 ＜、文字工具 T 和直排文字工具 IT 都可在开放的路径上创建路径文字。如果路径是封闭的，则只有使用路径文字工具 ＜ 和直排路径文字工具 ＜ 才能操作。

选择路径文字工具 ＜，光标在路径上会变为 I 状，如图6-22所示，单击，删除图形的填色和描边并填充文字占位符，如图6-23所示，输入文字即可创建路径文字，如图6-24所示。

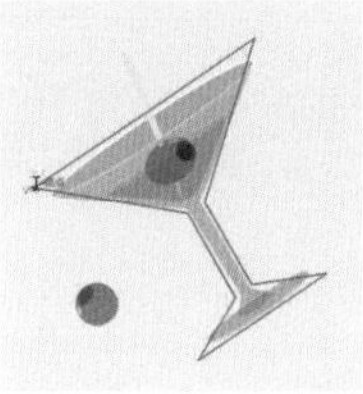

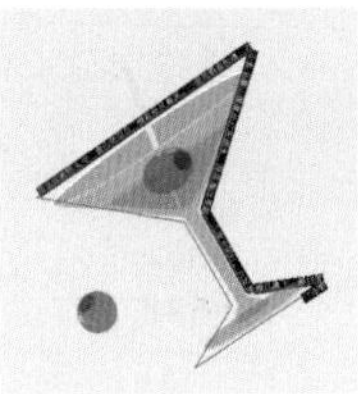

图6-22　　　　　图6-23　　　　　图6-24

创建路径文字后，可以使用选择工具▶将其选择，如图6-25所示，将光标移动到文字左侧的中点标记上，光标变为▶状时沿路径拖曳，可以移动文字，如图6-26和图6-27所示。

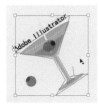 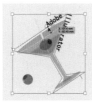

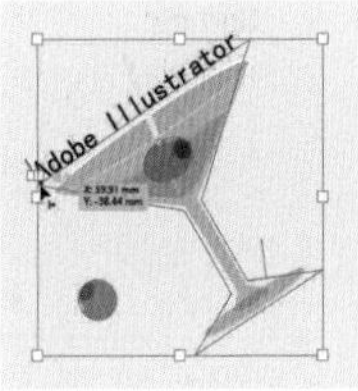

图6-25　　　　　图6-26　　　　　图6-27

将光标移到另一个中点标记上，光标变为▶状时，向路径内侧拖曳，可以翻转文字，如图6-28和图6-29所示。此外，使用直接选择工具▷改变路径形状，文字也会随之重新排列。

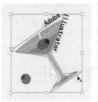

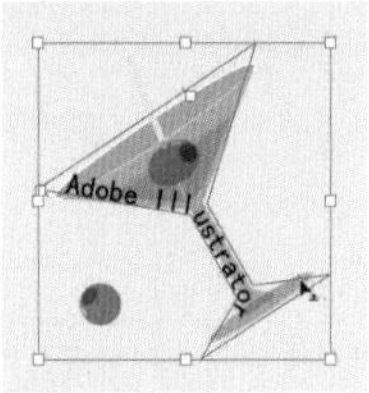

图6-28　　　　　图6-29

提示

使用文字工具 **T** 时，将光标放在画板上，光标会变为 I 状，此时可创建点文字；将光标放在封闭的路径上，光标会变为 I 状，此时可创建区域文字；将光标放在开放的路径上，光标变为 I 状时，可以创建路径文字。

6.3 编辑文字

在 Illustrator 中创建文字后，可修改其字符格式和段落格式，包括字体、颜色、大小、间距、行距和对齐方式等。

6.3.1 设置字符格式

设计版面时，文字越多，越应使用简洁的字体，以免阅读困难。图6-30所示的文字就是这样的情况，当笔画变细之后，文字更易阅读。如果目标群体是老年人和小孩，应使用大一些的字号，或者粗体字。在相同字号的情况下，粗体字识别度更高。

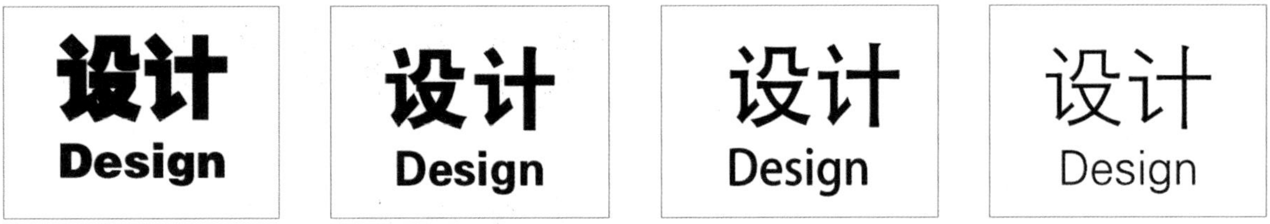

粗黑　　　　　大黑　　　　　黑体　　　　　细黑

图6-30

版面中的标题如果想醒目一些，可以将文字加粗、将字号调大、更换颜色，或者加边框或底线，如图6-31所示。但标题不能过于突出，以免破坏整体效果。这些设置在创建文字之前或输入文字之后，都可以通过"字符"面板和"控制"面板操作。

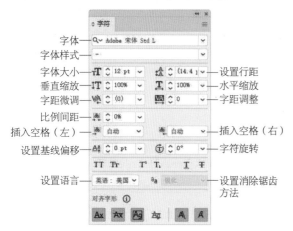

标题加粗　　　　　标题放大

标题换色　　　　　标题加底线

图6-31

图6-32所示为"字符"面板。它包含了字符格式(即文字的字体、大小、间距、行距等属性)选项。

图6-33

图6-34

- 字体大小 **T**：可以设置文字的大小。

提示

选择文字对象后，在"控制"面板的"字体"选项内单击，然后滚动鼠标中间的滚轮快速切换字体。此外，按Shift+Ctrl+>快捷键，可以将文字调大；按Shift+Ctrl+<快捷键，可以将文字调小。

- 设置行距 **A**：设置行与行之间的垂直间距。行距很重要，如果行与行之间拉得过开，从一行末到下一行，视线的移动距离过长，就会增加阅读难度，如图6-35所示。反之，行与行之间贴得过紧，则影响视线，让人不知道正在阅读的是哪一行，如图6-36所示。一般最合适的行距是文字大小的1.5倍，如图6-37所示。

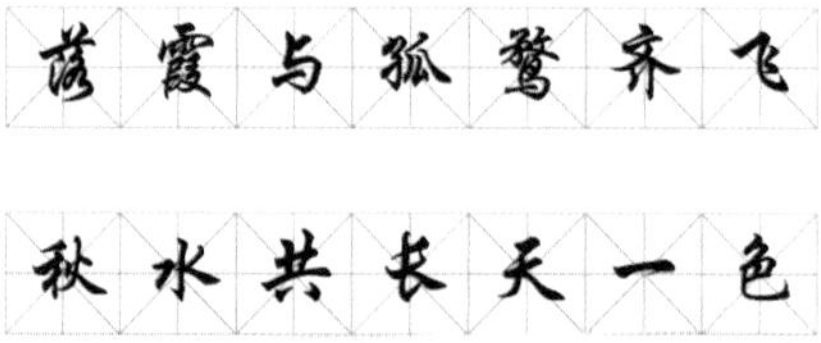

图6-35

图6-36

图6-32

- 字体：在该选项的下拉菜单中可以选择字体。其中带有 **O** 图标的是OpenType字体，即Windows和Macintosh操作系统都支持的字体文件。使用该字体后，在这两个操作平台间交换文件时，不会出现字体替换或其他导致文本重新排列的问题。如果字体较多，可以在列表中单击并输入字体名称，相应字体就会显示出来，如图6-33所示。此外，单击 按钮，打开下拉菜单，选择一种字体，之后单击 ≈ 按钮，可以显示与当前所选字体视觉效果相似的其他字体，如图6-34所示；单击 按钮，可以显示最近添加的字体；单击 按钮，可以显示从Adobe Fonts网站下载并已激活的字体。如果经常使用某种字体，可在其右侧的☆状图标上单击(图标变为★状)，将其收藏，以后单击"筛选"选项右侧的★图标时，列表中就只显示收藏的字体，一目了然。

- 字体样式：有些英文字体包含变体(如粗体、斜体)，可在该选项的下拉菜单中选取。

图6-37

● 垂直缩放 ⬚T /水平缩放 T ：可以对文字进行缩放。

● 字距微调 VA ：如果想调整两个文字间的距离，可以使用文字工具在其中间单击，如图6-38所示，然后通过该选项进行调整，如图6-39所示。

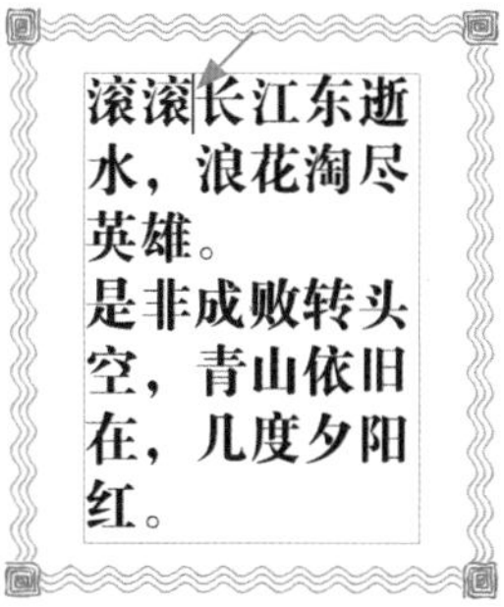

图6-38 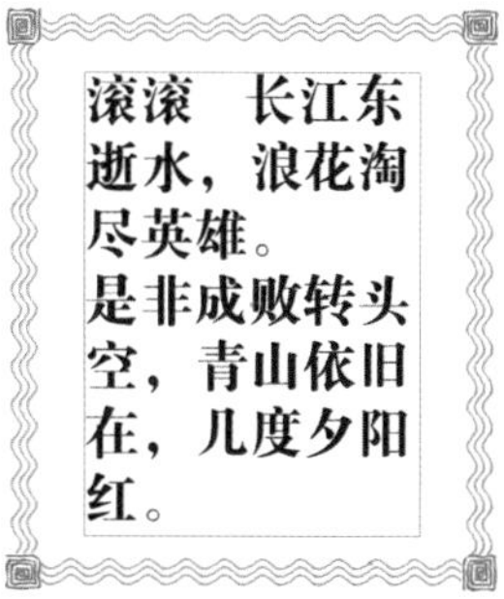   图6-39

● 字距调整 🔡 ：如果想对多段文字或所有文字的间距进行调整，可以将其选取，然后通过该选项进行调整。该值为正值时，字距变大，如图6-40所示；为负值时，字距变小，如图6-41所示。

图6-40   图6-41

● 比例间距 🔡 ：默认状态下，比例间距值为0%，此时文字的间距最大；设置为50%时，文字的间距会变为原来的一半，如图6-42所示；设置为100%时，则文字间距变为0，如图6-43所示。

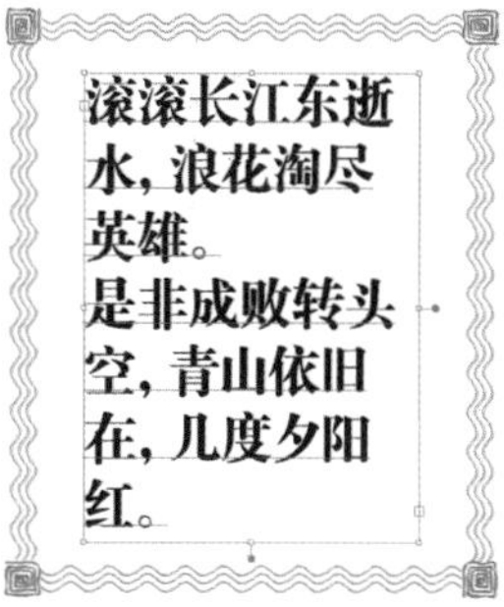

图6-42 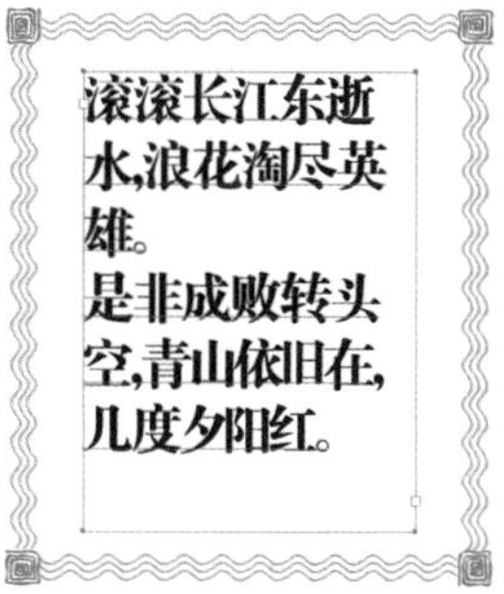   图6-43

● 插入空格：如果要在文字之前或之后添加空格，可以选取要调整的文字，然后在插入空格（左）🔡 或插入空格（右）🔡 选项中设置要添加的空格数。

● 设置基线偏移 A꜀ :可调整基线的位置。基线是字符排列于其上的一条不可见的线，该值为负值时文字下移；为正值时文字上移，如图6-44所示。

● 字符旋转 ⓣ ：选择文字，通过该选项可以调整其旋转角度，如图6-45所示。

图6-44   图6-45

● 特殊文字样式：很多单位刻度、数学公式、化学式，如二氧化碳（CO_2），以及某些特殊符号会用到上标、下标等特殊字符。要创建此类字符，可以使用文字工具将文字选取，然后单击如图6-46所示的按钮即可。

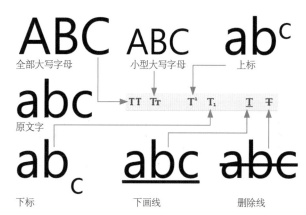

全部大写字母   小型大写字母   上标

原文字

下标   下画线   删除线

图6-46

● 设置消除锯齿方法 🅰 ：在该选项的下拉菜单中可以选择一种方法消除锯齿。选择"无"选项，表示不对锯齿进行处理，如果文字较小，如创建用于网页的小尺寸文字时，选择该选项，可以避免文字边缘因模糊而看不清楚。选择其他几个选项时，可以使文字边缘更加清晰。

● 设置语言：选择适当的词典，可以为文本指定一种语言，以方便拼写检查和生成连字符。

● 对齐字形：可以让文字与图稿精确对齐。

6.3.2 设置段落格式

输入文字时，每按一次Enter键，便切换一个段落。"段落"面板可以调整段落的对齐、缩进和间距等，让文字在版面中更加规整，如图6-47所示。选择文本对象时，可通过该面板设置整个文本的段落格式。如果选择了文本中的一个或多个段落，则可单独设置所选段落的格式。

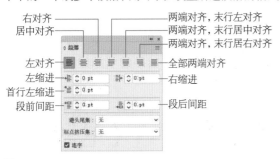

图 6-47

- 对齐：选取文字对象，或者使用文字工具 **T** 在要修改的段落中单击，之后单击"段落"面板最上面一排按钮，可以让段落按照一定的规则对齐。

- 缩进：指文本和文字对象边界的间距量，但只影响选中的段落。使用文字工具 **T** 单击要缩进的段落，如图 6-48 所示，在左缩进 选项中输入数值，可以使文字向文本框的右侧边界移动，如图 6-49 所示。在右缩进 选项中输入数值，则向左侧边界移动，如图 6-50 所示。如果要调整首行文字的缩进量，可以在首行左缩进 选项中输入数值。

图 6-48　　　　图 6-49　　　　图 6-50

- 段落间距：选取一段文字，如果要加大与上一段的间距，如图 6-51 所示，可以在段前间距 选项中输入数值。如果要增加与下一段落的间距，如图 6-52 所示，可以在段后间距 选项中输入数值。

图 6-51　　　　　　　图 6-52

- 避头尾集：不能位于行首或行尾的文字称为避头尾字符。该选项用于指定中文或日文文本的换行方式。

- 标点挤压集：用于指定亚洲字符和罗马字符等内容之间的间距，确定中文或日文的排版方式。

- 连字：在断开的单词间显示连字标记。

未选择文本时，将吸管工具 放在一个文本对象上，光标变为 状时单击，可以拾取该文本的属性（包括字体、大小、颜色、字距和行距等）；将光标移动到另一个文本对象上，按住 Alt 键（光标为 状）单击或拖曳，光标所到之处的文字都会应用拾取的文字属性。

6.3.3 使用特殊字符

许多字体包含特殊字符，如连字、分数字、花饰字、装饰字、序数字等。要在文本中添加这样的字符，可以先使用文字工具 **T** 在文本中单击，执行"窗口" | "文字" | "字形"命令，打开"字形"面板，然后双击一个字符即可，如图 6-53 和图 6-54 所示。

图 6-53　　　　　　　图 6-54

如果选择的是 Emoji 字体，面板中会显示各种图标，双击一个图标，可将其插入文本中，如图 6-55 和图 6-56 所示。

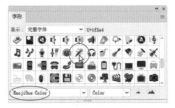 

图 6-55　　　　　　　图 6-56

6.3.4 将文字与对象对齐

在默认状态下，使用"对齐"面板对齐文字和图形时，只是文字的基线与图形的左侧边界对齐，实际文字内容并没有对齐，如图 6-57 和图 6-58 所示。

图 6-57　　　　　图 6-58

如果要根据实际字形的边界进行对齐，可以先执行"效果"|"路径"|"轮廓化对象"命令，然后打开"对齐"面板菜单，选择"使用预览边界"选项，如图 6-59 所示，再单击相应的按钮进行对齐，效果如图 6-60 所示。这样操作后，文字并没有真正轮廓化，因此，字符和段落属性仍可编辑。

图 6-59　　　　　图 6-60

6.3.5 串接文本

创建区域文本和路径文本时，如果文字数量超过文本框和路径的容纳量，多出来的文字会被隐藏，且文本框右下角或路径边缘会显示田图标。

被隐藏的文字称为溢流文本，可以通过串接的方法将文字导出来。操作时使用选择工具 ▶ 选择文本，单击田图标，如图 6-61 所示，此时光标会变为 ▱ 状，在空白处单击，可以将文字导出到一个与原对象形状和大小相同的文本框中，如图 6-62 所示；拖曳光标拖出一个矩形框，可将文字导出到该文本框中；如果单击一个图形，则文字会导入该图形中，如图 6-63 和图 6-64 所示。

图 6-61　　　　　　　図 6-62

图 6-63　　　　　　　图 6-64

如果要中断串接，可在原 田 图标处双击，文字会回到之前所在的对象中。也可以执行"文字"|"串接文本"|"移去串接"命令，让文本保留在原位，只是各文本框之间不再是链接关系。

提示

选择两个独立的路径文本或者区域文本，执行"文字"|"串接文本"|"创建"命令，可以将其串接起来。

6.3.6 文字颜色修改技巧

选择文字对象后，可以通过"颜色"和"色板"面板为文字的填色和描边设置颜色或图案。图 6-65 所示为使用绿色描边的文字。

图 6-65

如果想应用渐变，需要执行"文字"|"创建轮廓"命令，将文字转换为轮廓，然后才能用渐变填充，效果如图6-66 所示。

图 6-66

6.3.7 修饰文字工具

使用修饰文字工具 ▥ 单击文字，所选文字上会显示定界框，如图 6-67 所示。在定界框内拖曳光标，可以移动文字，如图6-68所示；拖曳正上方的控制点，可以旋转文字，如图6-69所示；拖曳左上方或右下方的控制点，可以拉伸文字，如图6-70所示；拖曳右上角的控制点，可以缩放文字，如图6-71所示。

图 6-67　　　　　　图 6-68　　　　　　图 6-69　　　　　　图 6-70　　　　　　图 6-71

技巧放送 制作网格版面

在设计工作中，通过网格将画面分隔开，以规范图文信息的位置，可以使版面充实、规整。这种排版方法多用于制作信息量较大的商品目录、促销单、杂志、书籍以及网页制作。要制作出这种版面，可以使用矩形工具▢在版心（放置文字和图片的区域）创建矩形，然后执行"对象"｜"路径"｜"分割网格"命令，打开"分割为网格"对话框，设置网格大小、数量及间距，将矩形分割为网格。按照网格摆放对象能迅速地制作出漂亮的版面。勾选"添加参考线"复选框，会以阵列的矩形为基准创建类似参考线状的网格。此外，使用矩形网格工具也可以创建网格。如果只想对称地布置对象，则不必创建网格版面，执行"视图"｜"显示网格"命令便可显示网格。

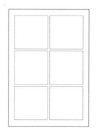

6.4 设计与实战

本节包含 6 个设计实战，可以练习路径文字、文本绕排，以及利用图案、渐变、描边等功能制作特效字。

6.4.1 农产品标志设计

01 打开素材，如图6-72所示。使用钢笔工具✒绘制一条路径，如图6-73所示。

图 6-72　　　　　　图 6-73

02 使用吸管工具✐在葡萄叶上单击，拾取颜色，如图6-74所示。单击工具栏中的↻按钮，将颜色切换为描边色，如图6-75所示。

图 6-74　　　　　　图 6-75

③ 设置描边粗细为7pt，并选择一个宽度配置文件，如图6-76和图6-77所示。

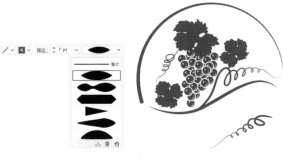

图6-76　　　　　　　　　图6-77

④ 使用选择工具 ▶ 按住Alt键拖曳该路径，复制出两条路径，如图6-78所示。

⑤ 选择路径文字工具 ✎，将光标移动到路径上，光标变为 ↧ 状时，如图6-79所示，单击，删除图形的填色和描边并填充文字占位符，输入文字"新阳光农场"。按Ctrl+A快捷键全选文字，修改字体和大小，如图6-80和图6-81所示。

图6-78　　　　　　　　　图6-79

图6-80　　　　　　　　　图6-81

⑥ 使用吸管工具 ✐ 在葡萄叶上单击，如图6-82所示，拾取颜色作为文字颜色。单击选择工具 ▶ 结束文字的编辑，如图6-83所示。

⑦ 如果文字没在路径的居中位置，可以将光标移动到文字左侧的标记上，光标变为 ▶↧ 状时，如图6-84所示，沿路径拖曳移动文字，效果如图6-85所示。图6-86所示为标志的应用。

图6-82　　　　　　　　　图6-83

图6-84　　　　　　　　　图6-85

图6-86

6.4.2 用文本绕排方法制作海报版面

本实例使用Illustrator中的文本绕排功能，让文字围绕图片周围排列，使版面摆脱单调、刻板的印象，变得生动活泼，以突出亮点。

文本绕排是指让区域文本围绕一个图形、图像或其他文本排列，得到精美的图文混排效果。当移动文字或对象时，文字的排列形状也会随之改变。创建文本绕排时，需要先将文字与用于绕排的对象放在同一个图层中，且文字位于下方。

① 按Ctrl+N快捷键，使用预设创建一个A4大小的文档，如图6-87所示。执行"文件"｜"置入"命令，打开"置入"对话框，选择图像素材，取消"链接"复选框的勾选，如图6-88所示。按Enter键关闭对话框。在画板上拖曳光标，嵌入图像并同时调整其大小。为了便于

观察，可在"透明度"面板中将图像的"不透明度"值调低，如图6-89和图6-90所示。

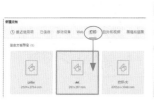

图6-87　　　　图6-88

图6-89　　　　图6-90

02 选择矩形工具▢，创建一个与画板大小相同的矩形，如图6-91所示。使用选择工具▶单击后方的图像，将其选取，在"透明度"面板中将"不透明度"值恢复为100%，效果如图6-92所示。

图6-91　　　　图6-92

03 按Ctrl+A快捷键全选，按Ctrl+7快捷键创建剪切蒙版，限定图像的显示范围，如图6-93所示。在"图层1"眼睛图标👁右侧单击，将该图层锁定，如图6-94所示。单击🔲按钮，新建一个图层，如图6-95所示。

图6-93　　　　图6-94　　　　图6-95

04 使用钢笔工具✏绘制图形，如图6-96所示。选择文字工具T，在"字符"面板中设置字体、大小和行距，如图6-97所示，在图形右侧拖曳光标创建文本框，如图6-98所示，释放鼠标左键后输入文字，如图6-99所示。按Esc键结束输入。

图6-96

图6-97

> 提示
> 本实例提供的素材（.txt格式纯文本文件）中包含《胡桃夹子》芭蕾舞剧简介，可将其复制并粘贴到Illustrator文档中使用。

图6-98　　　　图6-99

05 使用选择工具▶并按Ctrl+[快捷键，将文本移动到人物轮廓图形后方，如图6-100所示。按Shift键并单击人物轮廓图形，将文本与人物轮廓图形一同选取，如图6-101所示。

图6-100　　　　图6-101

06 执行"对象"|"文本绕排"|"建立"命令，创建文本绕排效果，如图6-102所示。执行"文字"|"区域文字选项"命令，在打开的"区域文字选项"对话框中将文字设置为两列，如图6-103和图6-104所示。

图6-102

图6-103

图6-104

07 打开"段落"面板，单击≣按钮，让文字两端对齐，末行左对齐，"避头尾集"设置为"严格"，如图6-105和图6-106所示。

图6-105

图6-106

08 仔细观察文本，如果出现文字排布不恰当，如标点符号位于某一行的起始位置，或者末行只有一个文字等情况，可以采用下面的方法进行调整。使用选择工具▶拖曳文本对象，调一调文本的位置，随着位置的改变，文字会重新排列，如图6-107所示。也可以单击人物轮廓图形，将其选择后，如图6-108所示，执行"对

象"|"文本绕排"|"文本绕排选项"命令，在打开的"文本绕排选项"对话框中调整文字与绕排对象的距离，如图6-109和图6-110所示。

图6-107

图6-108

图6-109

图6-110

> **提示**
>
> 如果文本框右下角出现⊞状图标，说明有溢出的文字，可以拖曳文本框，将其调大，让溢出的文字显示出来。如果要释放文本绕排，可以执行"对象"|"文本绕排"|"释放"命令。

09 选择人物轮廓图形，并设置为无填色、无描边状态。选择文字工具 T，在画面顶部输入标题文字，如图6-111和图6-112所示。

图6-111

图6-112

6.4.3 定义图案色板制作图案字

01 打开素材，如图6-113所示。选择椭圆工具 ⬭，在画板上单击，弹出"椭圆"对话框，参数设置如图6-114所示，创建圆形，如图6-115所示。

图6-113　　　　图6-114　　　　图6-115

02 继续在画板上单击，创建一个5mm×5mm的小圆，设置填充颜色为黄色，无描边。使用选择工具 ▶ 将小圆拖曳到大圆上方，此时会显示智能参考线，帮助用户将圆心对齐到大圆的锚点上，如图6-116所示。

图6-116

03 保持小圆的被选取状态。选择旋转工具 ↻，将光标放在大圆的圆心处，出现"中心点"3字提示信息时，如图6-117所示，按住Alt键并单击，弹出"旋转"对话框，设置角度，如图6-118所示，单击"复制"按钮，复制图形，如图6-119所示。连续按Ctrl+D快捷键复制，让小圆绕大圆一周，如图6-120所示。选择大圆，按Delete键将其删除。

图6-117　　　　图6-118

图6-119　　　　图6-120

04 按Ctrl+A快捷键选择所有圆形，按Ctrl+G快捷键编组，按Ctrl+C快捷键复制，按Ctrl+F快捷键粘贴在前面，按住Shift+Alt快捷键的同时拖曳控制点，基于中心点向内缩小图形，如图6-121所示。设置填充颜色为粉色，如图6-122所示。

05 按Ctrl+F快捷键粘贴图形，再按住Shift+Alt快捷键并拖曳控制点，将图形缩小，设置填充颜色为天蓝色，如图6-123所示。再粘贴两组图形并缩小，设置填充颜色为紫色、洋红色，如图6-124所示。

图6-121　　图6-122　　图6-123　　图6-124

06 选择这几组图形，如图6-125所示，按Ctrl+G快捷键编组。按Ctrl+C快捷键复制，再按Ctrl+F快捷键粘贴在前面。按住Shift+Alt快捷键并拖曳控制点，将图形等比例缩小，如图6-126所示。重复粘贴和缩小操作，在圆形内部铺满图案，如图6-127所示。

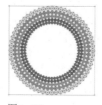

图6-125　　　图6-126　　　图6-127

07 选择所有圆形，使用选择工具 ▶ 拖曳到"色板"面板中创建为图案色板。使用选择工具 ▶ 单击文字S，将其选取，如图6-128所示，单击新建的图案，为文字填充该图案，如图6-129和图6-130所示。

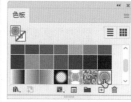

图6-128　　　图6-129　　　图6-130

08 按住~键并拖曳光标，移动图案（文字图形的位置不变），如图6-131所示。双击比例缩放工具 🔲，打开"比例缩放"对话框，设置缩放参数并勾选"变换图案"复选框，单独对图案进行放大，如图6-132和图6-133所示。

图6-131　　　图6-132　　　图6-133

⑨ 采用同样的方法为其他文字填充图案，再移动及缩放图案，效果如图6-134所示。

图6-134

6.4.4 制作折叠彩条字

① 选择文字工具 T，在"字符"面板中设置字体和大小，如图6-135所示。在画板上单击，然后输入文字，如图6-136所示。

图6-135　　　　图6-136

② 双击倾斜工具，打开"倾斜"对话框，设置"倾斜角度"为38°，如图6-137和图6-138所示。

图6-137　　　　图6-138

③ 按Shift+Ctrl+O快捷键，将文字转换为轮廓（即图形）。按Shift+Ctrl+G快捷键取消编组，如图6-139所示。使用选择工具 ▶ 选取文字，分别填充橙黄色、蓝色和绿色，如图6-140所示。

图6-139　　　　图6-140

④ 按住Alt键并向右拖曳文字"P"进行复制，如图6-141所示。按住Shift键并拖曳定界框的一角，将文字等比缩小，再适当调整位置，如图6-142所示。

图6-141　　　　图6-142

⑤ 使用直接选择工具 ▷ 单击文字下方的路径段，如图6-143所示，向左下方拖曳，直到与另一字母的底边对齐，如图6-144所示。将填充颜色设置为黄色，如图6-145所示。

图6-143　　　图6-144　　　图6-145

⑥ 使用矩形工具 ▣ 创建两个矩形，宽度与文字的笔画一致。双击渐变工具 ▣，打开"渐变"面板，调整颜色（橙色和黄色渐变），如图6-146～图6-148所示。

图6-146　　　图6-147　　　图6-148

⑦ 制作文字"L"的折叠效果。绘制3个矩形，填充蓝色渐变，如图6-149和图6-150所示。选取第2、3个矩形，连续按Ctrl+[快捷键，调整到文字"L"下方，如图6-151所示。

图6-149　　　图6-150　　　图6-151

⑧ 使用选择工具 ▶ 单击文字"L"，将其选取，按住Alt键并向右拖曳进行复制，填充黄色。按住Shift键并拖曳定界框的右下角，进行等比放大，如图6-152所示。绘

制矩形以表现折叠效果，并填充略深一些的黄色渐变，如图6-153所示。

图6-152　　　　　图6-153

09 使用同样的方法制作文字"A"的折叠效果，如图6-154所示。使用直接选择工具 ▷ 单击左下角的锚点，如图6-155所示，按住Shift键向上拖曳，如图6-156所示。

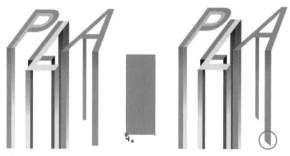

图6-154　　　　图6-155　　　图6-156

10 绘制水平方向的矩形，然后采用同样的方法调整锚点，效果如图6-157所示。

图6-157

11 选取文字"A"，按Shift+Alt快捷键并向右拖曳进行复制，如图6-158所示。使用直接选择工具 ▷ 调整锚点位置，效果如图6-159所示。

图6-158　　　　　图6-159

12 绘制字母下方的折叠图形，如图6-160所示。制作文字"Y"的折叠效果时，要将第2个、第3个绿色矩形移至底层（按Shift+Ctrl+[快捷键]，如图6-161所示。

图6-160

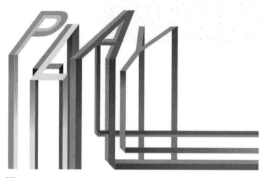

图6-161

13 复制文字"Y"，为其制作折叠效果，如图6-162所示。选择钢笔工具 ✐，在字母笔画的交叠处绘制图形，如图6-163所示。填充黑色到透明的渐变，在设置该渐变时，将两个滑块都设置为黑色，单击右侧滑块，设置"不透明度"为0%，如图6-164所示，效果如图6-165所示。

图6-162

图6-163　　　　图6-164　　　　图6-165

14 在其他文字上也制作出笔画交叠效果。打开素材，将文字复制并粘贴到素材文档中。制作投影效果时，将文字复制、镜像并降低"不透明度"（20%即可），效果如图6-166所示。

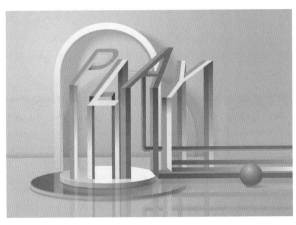

图6-166

6.4.5 制作创意鞋带字

① 使用矩形工具 █ 绘制一个矩形，填充径向渐变，如图6-167和图6-168所示。

图6-167　　　　　　图6-168

② 单击"图层"面板中的 ▶ 按钮，展开图层列表，在"路径"子图层左侧单击，将其锁定，如图6-169所示。在同一位置分别创建一大一小两个圆形，如图6-170所示，选取这两个圆形，按"对齐"面板中的 ♣ 按钮和 ♣ 按钮，将其居中对齐，再单击"路径查找器"面板中的 🖰 按钮，让大圆与小圆相减，得到一个圆环，如图6-171所示。

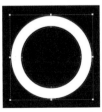

图6-169　　　图6-170　　　图6-171

③ 设置填充颜色为蓝色。使用同样方法制作一个细小的圆环，如图6-172所示。选取这两个图形，进行水平与垂直方向的对齐，如图6-173所示。

图6-172　　　　　　　　图6-173

④ 保持图形的被选取状态，按Alt+Ctrl+B快捷键创建混合效果。双击混合工具 ▶，打开"混合选项"对话框，设置"间距"为5，如图6-174和图6-175所示。

图6-174　　　　　　图6-175

⑤ 再创建两个圆形，位置错开一点，如图6-176所示，选取这两个圆形，单击"路径查找器"面板中的 🖰 按钮，让两圆相减，得到月牙状图形，如图6-177所示。

图6-176　　　　图6-177

⑥ 为月牙图形填充浅蓝色，无描边，作为蓝色图形的高光，如图6-178所示。执行"效果"|"风格化"|"羽化"命令，设置"半径"为0.3mm，使图形边缘变得柔和，如图6-179和图6-180所示。

图6-178　　　　图6-179　　　　图6-180

⑦ 使用选择工具 ▶ 按住Alt键并拖曳高光图形进行复制，将复制后的图形放在圆环的右下方，调整一下角度，设置填充颜色为深蓝色，如图6-181和图6-182所示。选取圆环图形，按Ctrl+G快捷键编组。按Shift+Alt快捷键并向下拖曳图形进行复制，连续按两次Ctrl+D快捷键（"对象"|"变换"|"再次变换"命令的快捷键），再复制出两个图形，如图6-183所示。

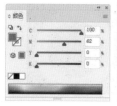

图 6-181　　　　图 6-182　　　　图 6-183

08 选取这4个图形并再次编组。双击镜像工具 ，打开"镜像"对话框，选中"垂直"单选按钮，如图6-184所示，单击"复制"按钮，镜像并复制图形，然后将其向右侧移动，完成鞋眼的制作，如图6-185所示。

图 6-184　　　　图 6-185

09 单击"图层"面板底部的 按钮，新建一个图层。将"图层1"锁定，如图6-186所示。使用钢笔工具 在水平方向的两个鞋眼之间绘制鞋带，填充绿色的线性渐变，如图6-187和图6-188所示。

图 6-186　　　　图 6-187　　　图 6-188

10 复制绿色鞋带，根据鞋眼的位置将其排列完整，使用直接选择工具 调整锚点的位置，使每个鞋带都有些小的变化，如图6-189所示。使用钢笔工具 画出鞋带打结的部分，填充为深绿色，如图6-190所示。继续绘制图形，填充线性渐变，如图6-191和图6-192所示。

图 6-189　　　　图 6-190

图 6-191　　　　图 6-192

11 选取这两个图形，按Shift+Ctrl+[快捷键移至底层，如图6-193所示。继续绘制另一个鞋带扣，如图6-194所示。再绘制一条竖着的鞋带，如图6-195所示，将其移至底层，如图6-196所示。

图 6-193　　图 6-194　　图 6-195　　图 6-196

12 分别绘制左右两侧的鞋带，如图6-197和图6-198所示。选取所有绿色鞋带图形，如图6-199所示，按Ctrl+G快捷键编组。按Ctrl+C快捷键复制，按Ctrl+F快捷键粘贴到前面。单击"路径查找器"面板中的 按钮，将图形合并，如图6-200所示。

图 6-197　　图 6-198　　图 6-199　　图 6-200

13 执行"窗口"|"色板库"|"图案"|"基本图形_纹理"命令，打开"基本图形_纹理"面板，单击"菱形"图案，如图6-201所示，为鞋带添加该纹理，如图6-202所示。右击，在弹出的快捷菜单中执行"变换"|"缩放"命令，设置"等比"缩放参数为50%，勾选"变换图案"复选框，使图形的大小保持不变，只缩小内部填充的图案，如图6-203和图6-204所示。

图 6-201　　　　图 6-202

图 6-203　　　　图 6-204

⑭ 在"透明度"面板中设置图形的混合模式为"叠加"，如图6-205和图6-206所示。

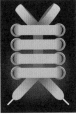

图6-205　　　　　图6-206

⑮ 锁定该图层，再创建一个图层，拖曳到"图层2"下方，如图6-207所示。使用钢笔工具 ✐ 绘制鞋的轮廓，如图6-208~图6-210所示。

图6-207　　图6-208　　图6-209　　图6-210

⑯ 绘制鞋头，填充为洋红色，如图6-211所示。复制该图形，原位粘贴到前面，填充"菱形"图案。在画面下方输入文字，效果如图6-212所示。

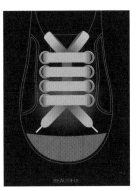

图6-211　　　　　图6-212

6.4.6　用多重描边方法制作罗马艺术字

① 打开素材，如图6-213所示。单击"图层1"，选择该图层，如图6-214所示。

图6-213　　图6-214

② 选择椭圆工具 ◯，按住Shift键并拖曳光标创建圆形，如图6-215所示。选择矩形工具 ▢，按住Shift键并拖曳光

标创建正方形，如图6-216所示。选择星形工具 ✩，按住Shift键并拖曳光标，锁定水平方向创建一个三角形（可按↓键调整边数），如图6-217所示。

图6-215　　　图6-216　　　图6-217

③ 按Ctrl+A快捷键全选，单击"控制"面板中的 ⬛ 和 ⬛ 按钮，让图形居中对齐。按Alt+Ctrl+B快捷键创建混合。双击混合工具 🔖，打开"混合选项"对话框，选择"指定的步数"选项，设置步数为30，如图6-218所示，效果如图6-219所示。

图6-218　　　　　　图6-219

④ 在"图层2"的 🔒 图标上单击，解除该图层的锁定，如图6-220所示。选择文字，如图6-221所示，设置描边颜色为琥珀色、粗细为55pt，如图6-222所示。

图6-220　　　图6-221　　　图6-222

> **提示**
> 如果想让描边位于线条中间，可以单击"描边"面板中的"使描边居中对齐"按钮 ⬜。

⑤ 在"外观"面板中将描边属性拖曳到该面板底部的 ⊞ 按钮上进行复制，如图6-223所示。将描边颜色改为灰色，粗细设置为50pt，如图6-224和图6-225所示。

图6-223　　　图6-224　　　图6-225

06 单击 ⊞ 按钮，再次复制描边属性，然后修改描边颜色和粗细。重复以上操作，使描边由粗到细产生变化，形成丰富的层次，如图6-226和图6-227所示。

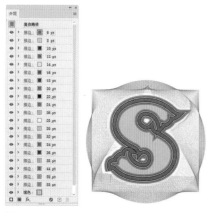

图6-226　　　　图6-227

07 再复制一个描边属性，修改描边颜色和粗细，如图6-228和图6-229所示。单击"描边"面板中的 ⊾ 按钮，使描边位于线条的内侧，如图6-230和图6-231所示。

图6-228　　　　图6-229

图6-230

图6-231

08 单击"描边"属性前方的 > 按钮展开列表。单击"不透明度"属性，在打开的下拉面板中将混合模式设置为"柔光"，如图6-232和图6-233所示。

图6-232　　　　图6-233

09 复制最上面的描边，修改颜色和粗细，如图6-234和图6-235所示。

图6-234　　　　图6-235

10 选取另一个画板中的图案，如图6-236所示，按Ctrl+X快捷键剪切。单击"图层"面板底部的 ⊞ 按钮，新建一个图层，按Ctrl+V快捷键粘贴花纹图案，如图6-237和图6-238所示。

图6-236　　　　图6-237　　　　图6-238

11 将图案的混合模式设置为"叠加"，如图6-239和图6-240所示。使用选择工具 ▶ 选取花纹，调整其位置和角度。按住Alt键并拖曳图形进行复制，使花纹布满文字，如图6-241所示。

图6-239　　　　图6-240　　　　图6-241

12 在"图层2"的选择列单击，将该图层中的文字选取，如图6-242所示，按住Alt键的同时将其拖曳到"图层3"，如图6-243所示，将文字复制到该图层中。单击"图层3"，单击"图层"面板底部的 ⊞ 按钮创建剪切蒙版，将文字外面的图案隐藏，效果如图6-244所示。

图6-242

图6-243

图6-244

6.5 作业与习题

本章介绍了怎样在 Illustrator 中创建和编辑文字，以及文字版面编排和特效字的制作方法。下面是课后作业和习题，有助于读者巩固本章所学知识。

6.5.1 课后作业：制作毛边字

图 6-245 所示是一个毛边效果的特效字，用到了图形编辑工具、"描边"面板、色板库等功能。操作时，先使用美工刀工具 ✎ 将文字分割开，如图 6-246 和图 6-247 所示，再添加虚线描边，之后使用编组选择工具 ▷ 选择各图形，填充不同的颜色，最后创建一个矩形并填充图案。

图 6-245

图 6-246

图 6-247

6.5.2 课后作业：制作叠透效果文字

本实例制作一组透明特效字，如图 6-248 所示。

图 6-248

使用文字工具 **T** 输入文字，如图 6-249 和图 6-250 所示。使用选择工具 ▶ 按住 Alt+Shift 快捷键拖曳进行复制，修改文字内容及颜色，如图 6-251 所示。按 Ctrl+A 快捷键全选，设置混合模式为"正片叠底"，如图 6-252 和图 6-253 所示。执行"文字"|"创建轮廓"命令，将文字转换

为轮廓。使用直接选择工具 ▷ 拖曳实时转角构件，如图 6-254 所示，将文字中的尖角改为圆角，如图 6-255 所示。最后使用文字工具 **T** 输入文字"Illustrator"即可。

图 6-249   图 6-250

图 6-251   图 6-252

图 6-253   图 6-254   图 6-255

6.5.3 复习题

1. 在 Illustrator 中使用其他程序创建的文本时，怎样操作能保留文本的字符和段落格式？

2. 怎样对文字的填色和描边应用渐变？

3. 在"字符"面板中，可以调整字距的选项有哪些？有何区别？

4. 什么是溢流文本？出现溢流文本时怎样处理？

5. 创建文本绕排效果时，对文字和用于绕排的对象有哪些要求？

第7章
插画设计：变形、混合与图表

7.1 插画设计

插画作为一种重要的视觉传达形式，以其直观的形象性、真实的生活感和艺术感染力，在设计中占有特殊的地位，不仅被广泛应用于广告、传媒、出版、影视等领域，还细分为儿童类、体育类、科幻类、食品类、数码类、纯艺术类、幽默类等多种专业类型。

● 装饰风格插画：注重形式美感的设计。设计者所要传达的含义都是较为隐性的，这类插画中多采用装饰性的纹样，其构图精致、色彩协调，如图7-1所示。

● 动漫风格插画：在插画中使用动画、漫画和卡通形象，以此来增加插画的趣味性。采用较为流行的表现手法能够使插画的形式新颖、时尚，如图7-2和图7-3所示。

图7-1   图7-2   图7-3

● 矢量风格插画：能充分体现图形的艺术美感，如图7-4所示。

● Mix & match 风格插画：Mix 意为混合、掺杂，match 意为调和、匹配。Mix & match 风格的插画能够融合许多独立的，甚至互相冲突的艺术表现形式，使之呈现协调的整体风格，如图7-5所示。

● 涂鸦风格插画：具有粗犷的美感，自由，随意，且充满个性，如图7 6所示。

● 儿童风格插画：多用于儿童杂志或书籍，颜色较为鲜艳，画面生动有趣。造型或简约，或可爱，或怪异，如图7-7和图7-8所示。

● 线描风格插画：利用线条和平涂的色彩作为表现形式，具有单纯和简洁的特点，如图7-9所示。

图7-4　　　　　　图7-5　　　　　　图7-6　　　　　　图7-7　　　　　　图7-8　　　　　　图7-9

7.2 变形

　　使用 Illustrator 中的变形工具可以对图稿进行倾斜、拉伸、扭曲，以及液化（收缩、膨胀、扭转等）处理，从而改变对象的形状外观。

7.2.1 拉伸、透视扭曲和自由扭曲

　　自由变换工具是多用途工具，在进行移动、旋转和缩放时，与使用选择工具操作方法相同。除此之外，它还能进行拉伸、透视扭曲和自由扭曲。

　　1. 拉伸

　　选择对象，如图7-10所示。选择自由变换工具，与此同时会打开一个面板，如图7-11所示。单击其中的自由变换按钮，拖曳定界框中央的控制点，可以沿水平或垂直方向拉伸对象，如图7-12和图7-13所示。拖曳边角的控制点，可向任意方向拉伸对象，如图7-14所示。单击"限制"按钮后再拖曳控制点，可进行等比缩放。按住 Alt 键操作，则会以中心点为基准等比缩放。

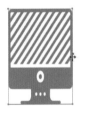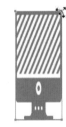

图7-12　　　　　　图7-13　　　　　　图7-14

　　2. 透视扭曲

　　单击"透视扭曲"按钮，拖曳边角的控制点，可以进行透视扭曲，如图7-15和图7-16所示。

图7-15　　　　　　　　　　图7-16

　　3. 自由扭曲

　　单击"自由扭曲"按钮，拖曳边角上的控制点，可自由扭曲，如图7-17所示。按住 Alt 键拖曳光标，可以创建对称的倾斜效果，如图7-18所示。

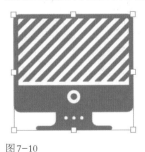

图7-10

　　　限制
　　　自由变换
　　　透视扭曲
　　　自由扭曲

图7-11

图7-17　　　　　　图7-18

7.2.2 倾斜

选择对象，如图7-19所示，使用倾斜工具 🔧 在画板上单击并向左或右侧拖曳光标，可沿水平轴倾斜对象，如图7-20所示；上、下拖曳光标，可沿垂直轴倾斜对象，如图7-21所示。操作时按住Shift键，可以保持对象的原始高度或宽度，按住Alt键，则可复制对象。图7-22所示为通过倾斜图标将其贴在纸盒包装上的效果。需要精确定义倾斜方向和角度时，可以双击该工具，打开"倾斜"对话框进行设置，如图7-23所示。

图7-19　　　　　图7-20　　　　　图7-21

图7-22　　　　　　　图7-23

7.2.3 操控变形

操控变形工具 ✈ 可以对图稿的局部进行扭曲。例如，如果想让猫咪做出歪头的动作，可将其选取，如图7-24所示，使用操控变形工具 ✈ 在需要扭曲的位置单击，添加控制点。为防止扭曲幅度过大影响其他区域，可在这些区

域也添加控制点，将图稿固定住，如图7-25所示。

图7-24　　　　　　图7-25

准备工作完成后，单击下巴上的控制点，然后将光标移动到圆圈虚线上，如图7-26所示，进行拖曳即可，如图7-27和图7-28所示。如果直接拖曳控制点，则会移动头部，如图7-29所示。

图7-26　　　　　　图7-27

图7-28　　　　　　图7-29

> **提示**
> 要选择多个控制点，可以按住Shift键的同时单击这些控制点，按Delete键可删除这些控制点。

7.2.4 液化类工具

液化类工具可以让对象产生更大幅度的扭曲，制作出更加丰富的变形效果，如图7-30～图7-38所示。

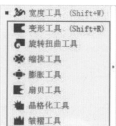

液化类工具　　　　选择头发图形　　用变形工具 ■ 扭曲
图7-30　　　　　　图7-31　　　　　图7-32

用旋转扭曲工具🌀扭曲　　用缩拢工具❋扭曲　　用膨胀工具✚扭曲
图7-33　　　　　　　　图7-34　　　　　　　图7-35

用扇贝工具▤扭曲　　用晶格化工具✦扭曲　　用皱褶工具▩扭曲
图7-36　　　　　　　　图7-37　　　　　　　图7-38

● 变形工具▤：可自由扭曲对象。

● 旋转扭曲工具🌀：可以创建漩涡状的变形效果。

● 缩拢工具❋：通过向十字线方向移动控制点的方式扭曲，使对象向内收缩。

● 膨胀工具✚：让对象产生向外膨胀的效果。

● 扇贝工具▤：向对象的轮廓添加随机弯曲的细节，创建类似贝壳表面的纹路效果。

● 晶格化工具✦：向对象的轮廓添加随机锥化的细节，生成与扇贝工具相反的效果（扇贝工具产生向内的弯曲，而晶格化工具产生向外的尖锐凸起）。

● 皱褶工具▩：向对象的轮廓添加类似于皱褶的细节，生成不规则的起伏。

提示

液化类工具可以通过两种方法使用。第1种方法是在对象上方单击。如果按住鼠标左键不放，对象的变形程度会逐渐增大。第2种方法是在对象上方拖曳光标，让对象按照特定的方式扭曲。如果要调整画笔大小，可在画板上按住Alt键并拖曳光标。使用液化类工具时，不需要选取对象。如果只想扭曲某些对象，可以先将其选取，再进行处理。另外需要注意，这些工具不能用于处理链接的文件或包含文本、图形或符号的对象。

7.3 封套扭曲

封套扭曲是指将一个或多个对象"塞"入一个图形内，使对象按照这个图形的外观产生扭曲。用于扭曲对象的图形称为封套，被扭曲的对象称为封套内容。封套类似于一种容器，封套内容则类似于水。例如，将水装进圆玻璃瓶时，水的形态是圆形的；装进方玻璃瓶时，水的形态又会变为方形。

7.3.1 用变形建立封套扭曲

Illustrator中有15种预设的封套。选择对象，执行"对象"|"封套扭曲"|"用变形建立"命令，打开"变形选项"对话框后，可在"样式"下拉菜单中进行选择，如图7-39所示，效果如图7-40所示。提高"弯曲"值，能增强扭曲效果。调整"水平"和"垂直"参数，可以创建水平和垂直方向的透视扭曲效果。

图7-39

提示

除图表、参考线和链接的对象外，其他对象均可进行封套扭曲。使用"用变形建立"命令创建封套扭曲后，选取对象，可以在"控制"面板中修改参数或选取其他封套。

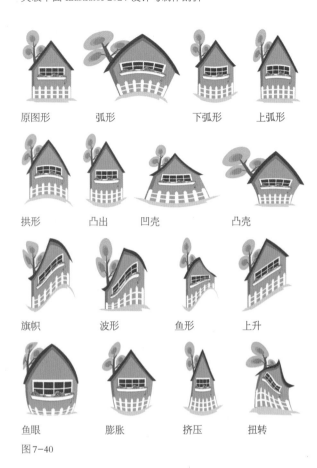

原图形　　弧形　　　　下弧形　　上弧形

拱形　　　凸出　　　凹壳　　　凸壳

旗帜　　　波形　　　鱼形　　　上升

鱼眼　　　膨胀　　　挤压　　　扭转

图7-40

7.3.2 用网格建立封套扭曲

选择对象，执行"对象"|"封套扭曲"|"用网格建立"命令，打开"封套网格"对话框设置网格数量，如图7-41所示，可为对象添加变形网格，如图7-42所示。使用直接选择工具 ▷ 移动网格点或修改网格的形状，即可扭曲对象。图7-43所示为用此方法制作的旗帜飘扬效果。

图7-41　　　　　图7-42

图7-43

> **提示**
> 将对象选取，在"控制"面板中可以修改网格的行数和列数，也可以单击"重设封套形状"按钮，将网格恢复为默认状态。

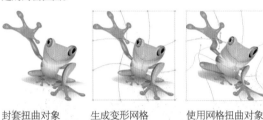
7.3.3 用顶层对象建立封套扭曲

在需要扭曲的对象上方放置一个图形，如图7-44所示，将它们选取，执行"对象"|"封套扭曲"|"用顶层对象建立"命令，可以使用上方图形扭曲下方对象，如图7-45所示。

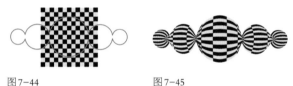

图7-44　　　　　图7-45

7.3.4 编辑封套内容

创建封套扭曲后，所有封套对象会合并到一个名为"封套"的图层上，如图7-46和图7-47所示。

图7-46　　　　图7-47

如果要编辑封套内容，可以选择对象，然后单击"控制"面板中的"编辑内容"按钮，将封套内容释放出来，如图7-48所示。此时便可对其进行编辑，例如，可以使用编组选择工具 ▷ 选择图形并修改颜色，如图7-49所示。修改完成后，单击"编辑封套"按钮，可恢复封套扭曲。

图7-48　　　　　　　　图7-49

如果要编辑封套，可以使用选择工具▶单击封套扭曲对象，之后用转换锚点工具⊾或直接选择工具▷等对封套进行修改，如图7-50和图7-51所示。

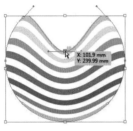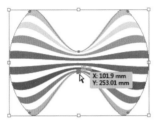

图7-50　　　　　　　　图7-51

7.3.5 设置封套选项

选择封套扭曲对象，单击"控制"面板中的"封套选项"按钮▤或执行"对象"|"封套扭曲"|"封套选项"命令，打开"封套选项"对话框，可以设置封套选项，如图7-52所示。

图7-52

● 消除锯齿：使对象的边缘变得更加平滑，但会增加处理时间。

● 保留形状，使用：使用非矩形的封套扭曲对象时，可以在该选项组中指定栅格将以怎样的形式保留形状。选中"剪切蒙版"单选按钮，可在栅格上使用剪切蒙版；选中"透明度"单选按钮，则对栅格应用 Alpha 通道。

● 保真度：即封套内容在变形时适合封套图形的精确程度。该值越大，封套内容的扭曲效果越接近于封套的形状，但会生成更多的锚点，增加处理时间。

● 扭曲外观：如果封套内容添加了效果或图形样式等外观属性，勾选该复选框，可以使外观与对象一同扭曲。

● 扭曲线性渐变填充：如果要对填充了线性渐变的对象进行扭曲，如图7-53所示，则勾选该复选框，可以将线性

渐变与对象一起扭曲，如图7-54所示。图7-55所示为未勾选该复选框时的扭曲效果。

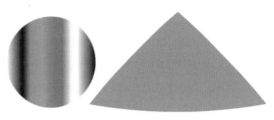

图7-53

图7-54　　　　　　　　图7-55

● 扭曲图案填充：如果要对填充了图案的对象进行扭曲，如图7-56所示，勾选该复选框，可以使图案与对象一起扭曲，如图7-57所示。图7-58所示为未勾选该复选框时的扭曲效果。

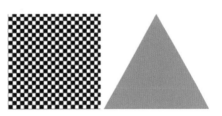

图7-56

图7-57　　　　　　　　图7-58

7.3.6 扩展与释放封套扭曲

选择封套扭曲对象，执行"对象"|"封套扭曲"|"扩展"命令，可将其扩展为普通的图形。执行"对象"|"封套扭曲"|"释放"命令，则可释放封套对象和封套，使二者恢复为原来的状态。如果封套扭曲是使用"用变形建立"命令或"用网格建立"命令创建的，还会释放出一个封套形状图形（一个单色填充的网格对象）。

7.4 混合

混合是一种很特别的功能，它能从两个或多个对象中生成一系列的中间对象，并使其产生从形状到颜色的全面融合效果。用于创建混合的对象既可以是图形、路径和混合路径，也可以是使用渐变和图案填充的对象。

7.4.1 创建混合

1. 使用工具创建混合

选择混合工具 🖫，将光标放在对象上，捕捉到锚点后光标会变为 🖫 状，如图 7-59 所示，单击，然后将光标移动到另一个对象上，光标变为 🖫 状时，如图 7-60 所示，再次单击即可创建混合，如图 7-61 所示。

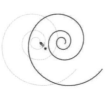

图7-59

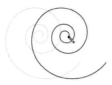

图7-60

图7-61

2. 使用命令创建混合

使用混合工具 🖫 创建混合效果时，如果单击的锚点位置不正确，会造成混合效果发生扭曲，如图 7-62 和图 7-63 所示。尤其是使用多个图形创建混合时，更容易出问题。

图7-62

图7-63

为避免效果扭曲，可以使用"混合"命令来操作。图 7-64 所示为两个椭圆形，将其一同选取，执行"对象"|"混合"|"建立"命令，可以创建混合效果，如图 7-65 所示。

图7-64

图7-65

7.4.2 设置混合选项

创建混合后，选择对象，双击混合工具 🖫，可以打开"混合选项"对话框修改混合效果，如图 7-66 所示。

● 间距：选择"平滑颜色"选项，可自动生成合适的混合步数，创建平滑的颜色过渡效果，如图 7-67 所示。选择"指定的步数"选项，可在右侧的文本框中输入数值，例如，如果要生成 5 个中间图形，可输入"5"，效果如图 7-68 所示。选择"指定的距离"选项，并输入中间对象的间距，Illustrator 会按照设定的间距自动生成与之匹配的图形，如图 7-69 所示。

图7-66

图7-67

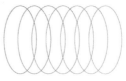

图7-68

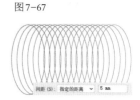

图7-69

> **提示**
>
> 需要注意，创建混合效果时生成的中间对象越多，文件越大。尤其是使用渐变对象创建复杂的混合效果时，会占用大量内存。

● 取向：如果混合轴是弯曲的路径，单击"对齐页面"按钮 🖫 时，混合对象的垂直方向与页面保持一致，如图 7-70 所示。单击"对齐路径"按钮 🖫 时，则混合对象垂直于路径，如图 7-71 所示。

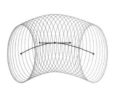

图7-70

图7-71

7.4.3 反向堆叠与反向混合

创建混合以后，如图7-72所示，选择对象，执行"对象"|"混合"|"反向堆叠"命令，可以颠倒对象的堆叠次序，让后面的图形排到前面，如图7-73所示。执行"对象"|"混合"|"反向混合轴"命令，则颠倒混合轴上的混合顺序，如图7-74所示。

图7-72

图7-73

图7-74

7.4.4 编辑原始图形

使用编组选择工具 单击混合对象中的原始图形，如图7-75所示，将其选取后，可以修改对象的颜色，如图7-76所示，也可进行移动、旋转和缩放，如图7-77所示。

图7-75

图7-76

图7-77

7.4.5 编辑混合轴

创建混合后，会生成一条用于连接对象的路径，即混合轴。混合轴是一条直线路径，可以用其他路径替换掉。例如，图7-78所示为一个混合对象，将其和一条椅子形状的路径选取，如图7-79所示，执行"对象"|"混合"|"替换混合轴"命令，即可用该路径替换混合轴，如图7-80所示。图7-81所示为通过这种方法制作的不锈钢椅子。

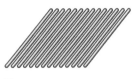

图7-78

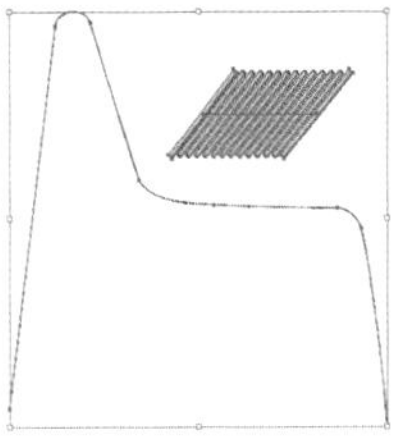

图7-79

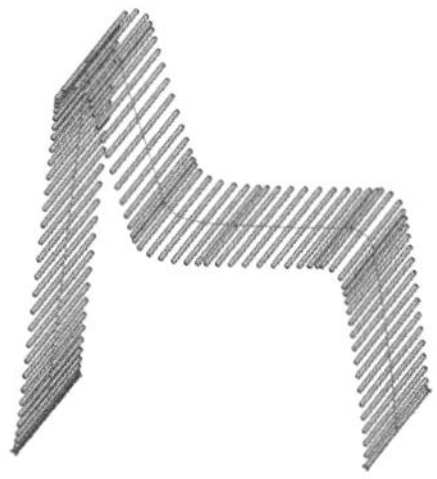

图7-80

图7-81

使用直接选择工具 拖曳混合轴上的锚点或路径段，还可以调整混合轴的形状，如图7-82和图7-83所示。此外，混合轴上也能添加和删除锚点。

图7-82　　　　图7-83

7.4.6 扩展与释放混合

混合对象中的原始对象之间所生成的中间对象并不具备锚点，也无法选择和修改。如果要编辑这些对象，可以选择混合对象，如图7-84所示，执行"对象"|"混合"|"扩展"命令，将中间对象扩展出来，如图7-85所示。

执行"对象"|"混合"|"释放"命令，可以释放混合对象。与此同时还会释放出一条无填色、无描边的路径(混合轴)。

图7-84

图7-85

7.5 设计与实战

本节包含 9 个设计实战，可以学习使用变形类工具和封套扭曲改变文字的外观，用混合功能制作特效字、Logo、插画和 Banner，以及如何创建和编辑图表。

7.5.1 用变形工具制作宠物店海报

① 打开素材，如图7-86和图7-87所示。这是一个宠物店广告，下面添加文案并制作专用字体。

图7-86   图7-87

② 使用选择工具 ▶ 选取文字。双击膨胀工具 ❖，打开"膨胀工具选项"对话框，参数设置如图7-88所示。将光标放在文字边缘，光标中心点应位于文字路径的内部，单击，制作出膨胀效果，使文字变得活泼，与画面的风格保持一致，如图7-89~图7-91所示。

图7-88   图7-89

图7-90   图7-91

③ 双击膨胀工具 ❖，打开"膨胀工具选项"对话框，设置"强度"为10%，如图7-92所示。在草字头上拖曳光标，制作出膨胀效果，由于减弱了强度，效果不会太过强烈，如图7-93所示。

图7-92   图7-93

④ 选择矩形工具 ▭，创建一个与页面宽度相同的矩形，填充黄色，无描边，如图7-94所示。双击倾斜工具 ◪，打开"倾斜"对话框，设置"倾斜角度"为-12°，选中"垂直"单选按钮，如图7-95所示，单击"确定"按钮，效果如图7-96所示。

图7-94

图7-95   图7-96

⑤ 按Ctrl+[快捷键，将该图形移至文字下方。选取文字，双击旋转工具 ↻，打开"旋转"对话框，设置"角度"为12°，如图7-97和图7-98所示。执行"效果"|"扭曲和变换"|"自由扭曲"命令，拖动预览框中的控制点，对文字进行扭曲，如图7-99和图7-100所示。

图 7-97

图 7-98

图 7-105

图 7-106

图 7-99

图 7-100

图 7-107

图 7-108

06 执行"效果"|"风格化"|"投影"命令，为文字添加投影效果，如图7-101和图7-102所示。

10 输入其他文字，单击"装饰"图层前面的眼睛图标 ◉，显示该图层中的图形和文字，如图7-109和图7-110所示。

图 7-101

图 7-102

07 执行"效果"|"风格化"|"内发光"命令，为文字添加内发光效果，如图7-103和图7-104所示。

图 7-109

图 7-110

7.5.2 用封套扭曲功能制作心房字

01 选择矩形工具 ▦，在画板上单击，打开"矩形"对话框，创建一个宽度和高度均为50mm的矩形，如图7-111和图7-112所示。

图 7-103

图 7-104

08 选择文字工具 T，在"字符"面板中设置字体及大小，如图7-105所示，在画面中单击，输入文字，设置文字的颜色为白色，如图7-106所示。

09 将文字旋转12°。执行"效果"|"风格化"|"投影"命令，添加投影效果，如图7-107和图7-108所示。

图 7-111

图 7-112

02 将光标移动到矩形右上角，按住Shift+Ctrl快捷键并拖曳光标，将矩形旋转45°，如图7-113所示。选择锚点工具 ⊾，将光标移动到图7-114所示的路径上方，按

住Shift键并拖曳光标，将直线调整为曲线，如图7-115
所示。

图7-113　　　　图7-114　　　　图7-115

03 按Ctrl+R快捷键显示标尺。从水平标尺上拖曳出参考
线，放在曲线路径的边缘，如图7-116所示。将光标移
动到图7-117所示的路径上方，按住Shift键并拖曳光标，
将该侧路径也调整为曲线，这样就得到了一个心形，如
图7-118所示。

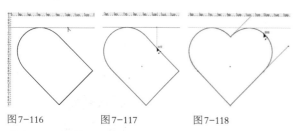

图7-116　　　　图7-117　　　　图7-118

04 按Ctrl+R快捷键隐藏标尺，按Ctrl+；快捷键隐藏参
考线。选择钢笔工具✒，绘制一条曲线，如图7-119所
示。使用选择工具▶，按住Alt键并拖曳曲线进行复制，
如图7-120所示。

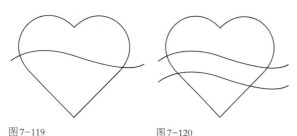

图7-119　　　　　　　图7-120

05 按Ctrl+A快捷键全选。选择形状生成器工具◉，在曲
线划分出来的3个区域分别单击，将图形分割成3块，如
图7-121~图7-123所示。使用选择工具▶将心形图形外
的多余路径选取，按Delete键删除。使用选择工具▶拖
曳图形，将其分开，如图7-124所示。

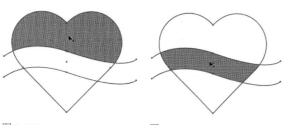

图7-121　　　　　　　图7-122

图7-123　　　　　　　图7-124

06 使用文字工具 **T** 输入文字，如图7-125所示。按Esc键
结束文字的编辑。再输入两段文字，如图7-126所示
（字体和文字大小不变）。

ADOBE

字符： Q~ Arial ∨ | Black ∨ | ↕ 72 pt ∨

图7-125

ILLUSTRATOR
1987

图7-126

07 使用选择工具 ▶ 拖曳出一个选框，选取这3组文字，
如图7-127所示，按Shift+Ctrl+[快捷键调整到底层。

ADOBE
ILLUSTRATOR
1987

图7-127

08 在空白区域单击，取消选择。按住Shift键单击文字
"ADOBE"及最上方的图形，如图7-128所示。执行
"对象"|"封套扭曲"|"用顶层对象建立"命令，用
图形扭曲文字，如图7-129所示。

图7-128　　　　　　　图7-129

09 使用同样的方法扭曲另外两组文字，如图7-130和图7-131所示。

图7-130　　　　　　　图7-131

10 选择矩形工具 ▭，创建一个矩形，填充径向渐变，按Shift+Ctrl+[快捷键调整到底层，如图7-132和图7-133所示。

图7-132　　　　　　　图7-133

11 选择光晕工具 ☀，将光标移动到字母"O"上方，拖曳光标创建光晕图形，模拟光在镜头中反射和散射时，产生镜头的镜头光晕效果，如图7-134所示。

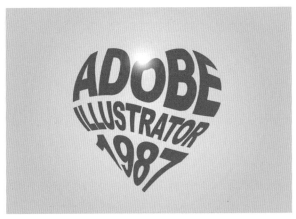

图7-134

7.5.3 制作山峦特效字

01 选择文字工具 T，打开"字符"面板，选择字体并设置文字大小，如图7-135所示。在画板上单击，然后输入文字，如图7-136所示。

图7-135　　　　　　　图7-136

02 选择倾斜工具 ☞，在文字右下角向左侧拖曳光标，如图7-137所示；再向下方拖曳光标，对文字进行倾斜处理，如图7-138所示。执行"文字"|"创建轮廓"命令，将文字转换为图形。

图7-137　　　　　　　图7-138

03 使用矩形工具 ▭ 创建矩形，填充线性渐变作为背景，如图7-139和图7-140所示。将文字摆放到背景上，设置填充颜色为白色，无描边，如图7-141所示。

图7-139　　　　图7-140　　　　图7-141

04 选取所有文字，执行"效果"|"路径"|"偏移路径"命令，参数设置如图7-142所示，让文字向内部收缩一些，如图7-143所示。按Ctrl+C快捷键复制文字。单击"图层"面板底部的 ⊞ 按钮，新建一个图层。执行"编辑"|"就地粘贴"命令，将文字粘贴到这一图层中，如图7-144所示。单击该图层的眼睛图标 ◉ 隐藏图层，如图7-145所示。

图7-142　　　　　　　图7-143

图7-144   图7-145

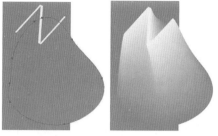

图7-152

⑤ 单击"图层1"。使用铅笔工具 ✐ 绘制图形，设置填充颜色为洋红色，无描边，如图7-146所示。使用选择工具 ▶ 将字母S与绘制的图形一同选取，如图7-147所示，按Alt+Ctrl+B快捷键创建混合。双击混合工具 🕭，打开"混合选项"对话框，参数设置如图7-148所示，效果如图7-149所示。

图7-146   图7-147

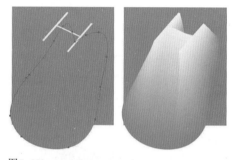

图7-153

图7-148   图7-149

⑥ 按照图7-150～图7-155所示的方法制作其他文字。

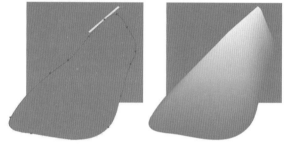

图7-154

图7-150

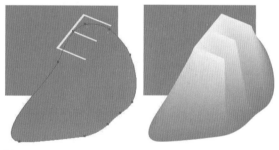

图7-155

⑦ 使用钢笔工具 ✐ 绘制几个图形，也创建同样的混合效果，如图7-156所示。当前文字的效果如图7-157所示。

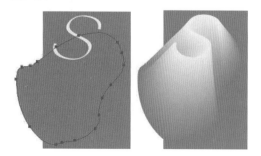

图7-151

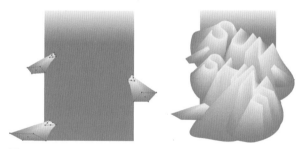

图7-156   图7-157

08 选择矩形工具 ▣，创建一个与背景图形大小相同的矩形，如图7-158所示。单击"图层1"右侧的选择列（○状图标处），如图7-159所示，选取该图层中的所有图形，执行"对象"|"剪切蒙版"|"建立"命令，创建剪切蒙版，将矩形外的图形隐藏，如图7-160所示。

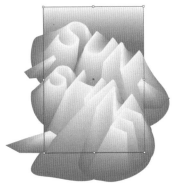

图7-158

图7-159

图7-160

09 在"图层2"的眼睛图标 ◉ 处单击，显示该图层。最后添加一些图形和文字丰富版面，如图7-161所示。

图7-161

7.5.4 天鹅标志设计

本实例使用混合功能和形状生成器工具 🖱 制作一个标志，如图7-162所示。

图7-162

01 使用钢笔工具 ✒ 绘制天鹅图形，如图7-163所示。如果绘制的形状不够准确，可以使用书中提供的天鹅素材进行后续操作。

图7-163

02 选择直线段工具 ╱，按住Shift键拖曳光标，创建一条竖线，如图7-164和图7-165所示。

图7-164

图7-165

03 使用选择工具 ▶ 按住Alt+Shift快捷键拖曳竖线，进行复制，如图7-166和图7-167所示。

图7-166

图7-167

04 按住Shift键单击第1条竖线，将这两条竖线选取，如图7-168所示，按Alt+Ctrl+B快捷键创建混合，如图7-169所示。

图7-168   图7-169

05 双击混合工具 🖦，打开"混合选项"对话框，参数设置如图7-170所示，效果如图7-171所示。

图7-170   图7-171

06 执行"对象"｜"扩展"命令，打开"扩展"对话框，如图7-172所示，将由混合生成的竖线扩展为矢量图形。按Ctrl+[快捷键移至天鹅后方，如图7-173所示。

图7-172   图7-173

07 按Ctrl+A快捷键全选。选择形状生成器工具 ◔，按住Alt键在天鹅之外的竖线上拖曳光标，将其删除，如图7-174和图7-175所示。

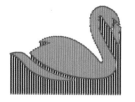

图7-174   图7-175

08 使用选择工具 ▶ 选择天鹅，如图7-176所示，按Delete键删除，如图7-177所示。

图7-176   图7-177

09 执行"窗口"｜"色板库"｜"渐变"｜"色彩调和"命令，打开"色彩调和"面板，使用图7-178所示的渐变为图形描边，如图7-179所示。

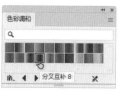

图7-178   图7-179

10 将渐变的角度设置为90°，如图7-180和图7-181所示。

图7-180   图7-181

7.5.5 用实时上色和混合功能制作唯美插画

01 使用椭圆工具 ⬭ 创建圆形，作为人的头部。使用钢笔工具 🖊 在其下方绘制脖子，如图7-182所示。绘制衣服，如图7-183所示。

图7-182   图7-183

02 绘制胳膊和头发，如图7 184和图7-185所示。绘制女孩的五官及耳环，如图7-186和图7-187所示。

图7-184   图7-185

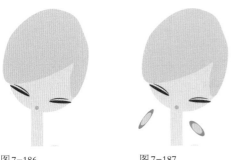

图7-186 图7-187

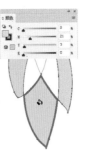 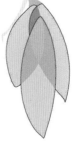 

图7-194 图7-195 图7-196

03 单击"图层"面板底部的按钮，新建一个图层。使用钢笔工具绘制3个相互重叠的树叶状图形，作为裙子，如图7-188~图7-190所示。

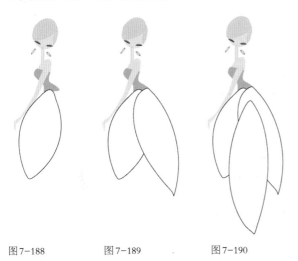

图7-188 图7-189 图7-190

04 使用选择工具拖曳出选框，将裙子选取，如图7-191所示。选择实时上色工具，调整填充颜色，将光标移动到图7-192所示的图形上，单击，填充颜色，如图7-193所示。

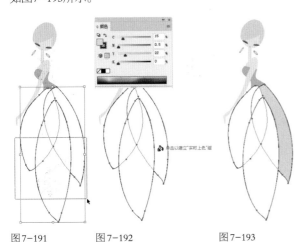

图7-191 图7-192 图7-193

05 修改颜色，如图7-194所示，为裙子填色。采用同样的方法为裙子的其余部分填色，如图7-195所示。在"控制"面板中设置为无描边，如图7-196所示。

06 使用钢笔工具绘制两条曲线作为飘带，如图7-197所示。使用选择工具按住Shift键单击，将这两条路径选取，设置描边粗细为0.5pt，如图7-198所示。按Alt+Ctrl+B快捷键创建混合。双击混合工具，打开"混合选项"对话框修改参数，如图7-199和图7-200所示。

图7-197 图7-198

图7-199 图7-200

07 使用椭圆工具在飘带下方绘制两个椭圆形，如图7-201所示。将它们选取并创建混合，制作出涟漪效果，如图7-202所示。

图7-201 图7-202

133

08 使用选择工具 ▶ 按住Alt键拖曳此图形，进行复制并调整大小，效果如图7-203所示。

图7-203

09 使用椭圆工具 ◎ 创建一些小圆，装饰在女孩周围，如图7-204所示。

图7-204

7.5.6 文字与图形结合的艺术插画

01 打开素材，如图7-205和图7-206所示。

图7-205　　　　　图7-206

02 使用钢笔工具 ✎ 分别绘制五个外形类似羽毛的图形，由大到小依次叠加排列。在"颜色"面板中调整颜色进行填充，无描边，如图7-207~图7-211所示。如果徒手绘画比较熟练，可以使用铅笔工具 ✎ 绘制。

图7-207

图7-208

图7-209

图7-210

图7-211

03 使用选择工具 ▶ 创建一个矩形选框，选取这5个图形，如图7-212所示，按Alt+Ctrl+B快捷键创建混合效果，如图7-213所示。双击混合工具 ⬛，打开"混合选项"对话框，设置"指定的步数"为12，如图7-214所示，效果如图7-215所示。

图7-212　　　　　　　图7-213

图7-214　　　　　　　图7-215

04 将混合后的图形移动到文字上，如图7-216所示。按住Alt键拖曳图形进行复制，拖动定界框，对图形的大小和角度进行调整，如图7-217所示。再复制一个图形，

将其缩小一点，如图7-218所示。将光标放在定界框的左侧，按住鼠标向右拖曳，将图形镜像，效果如图7-219所示。

图 7-216

图 7-217

图 7-218

图 7-219

⑤ 再绘制一组图形，如图7-220所示。将图形进行混合（设置"指定的步数"为8），如图7-221所示。

图 7- 220

图 7-221

⑥ 将该图形放在文字右侧，按Ctrl+[快捷键下移一层，如图7-222所示。选择矩形工具 ，在画板上单击，弹出"矩形"对话框，参数设置如图7-223所示，单击"确定"按钮，创建一个矩形。

图 7-222

图 7-223

⑦ 单击"图层"面板底部的 按钮，创建剪切蒙版，将矩形外的图形隐藏，如图7-224和图7-225所示。

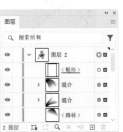
图 7-224

图 7-225

⑧ 绘制如图7-226所示的图形，连续按Ctrl+[快捷键将其移至火烈鸟图层下方。复制该图形，缩小并调整角度，装饰在文字右侧略偏下方，如图7-227所示。

图 7-226

图 7-227

⑨ 在图形与火烈鸟之间制作投影效果。绘制一个如图7-228所示的图形，填充透明到黑色线性渐变，即左侧渐变滑块的"不透明度"为0%，右侧渐变滑块为黑色，如图7-229所示，效果如图7-230所示。

图 7-228

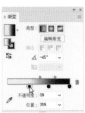
图 7-229

图 7-230

⑩ 设置混合模式为"正片叠底"，如图7-231所示。连续按Ctrl+[快捷键将该图形向后移动，至火烈鸟上方即

可，如图7-232和图7-233所示。

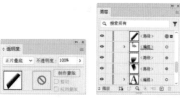

图7-231　　　图7-232　　　图7-233

⑪ 对文字内部进行装饰。为了便于观察，可先选取文字和图形，复制到画面空白处，排列成如图7-234所示的效果，文字要位于图形上方，然后选取这3个对象，按Ctrl+7快捷键创建剪切蒙版，制作出如图7-235所示的效果。插画最终效果如图7-236所示。

图7-234　　　　图7-235

图7-236

7.5.7 制作手机端店庆Banner

　　本实例制作App启动页Banner。App启动页是打开App时显示的页面，停留时间较短，但非常醒目，属于用户必看的Banner之一，常用来做促销和推广活动。

⑴ 按Ctrl+N快捷键，打开"新建文档"对话框。使用"移动设备"选项卡中的"iPhone X"预设，如图7-237所示，创建一个iPhone X屏幕大小的RGB模式文档。

图7-237

⑵ 选择椭圆工具◯，按住Shift键创建圆形，填充线性渐变，如图7-238和图7-239所示。使用选择工具▶并按住Alt键拖曳圆形进行复制，然后调整各圆形的大小，如图7-240所示。

图7-238　　　　图7-239　　　图7-240

⑶ 拖出一个选框将这些圆形选取，如图7-241所示。执行"对象"|"复合路径"|"建立"命令，将其创建为复合路径，如图7-242所示。

图7-241　　　　图7-242

⑷ 按住Alt键拖曳图形进行复制。将中间那组图形调小，如图7-243所示。

图7-243

⑸ 拖出一个选框选取这3组图形，执行"对象"|"混合"|"建立"命令，创建混合，如图7-244所示。

图7-244

06 双击混合工具 ，打开"混合选项"对话框，在"间距"下拉菜单中选择"指定的步数"选项并设置步数为1000，如图7-245和图7-246所示。

图7-245

图7-246

07 使用钢笔工具 绘制一条路径，如图7-247所示。按Ctrl+A快捷键，将路径与混合对象一同选取，执行"对象"|"混合"|"替换混合轴"命令，用该路径替换混合轴，如图7-248所示。

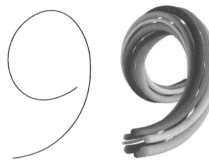

图7-247　　　　　　　图7-248

08 选择编组选择工具 ，在路径末端的混合图形上单击，将其选取，如图7-249所示。使用选择工具 ，按Alt+Shift快捷键拖曳控制点，将这些图形等比缩小，如图7-250所示，与此同时，混合对象的末端也会变细，如图7-251所示。

图7-249　　　图7-250　　　图7-251

09 使用同样的方法选取路径另一端的混合图形，如图7-252所示，进行等比放大，如图7-253所示。

图7-252　　　　　图7-253

10 打开素材，使用选择工具 将文字拖曳到该文档中，如图7-254所示。

图7-254

11 如果需要将设计稿中的文字和图形等交给Web开发人员，可以执行"文件"|"打包"命令，将文档中的对象保存到一个文件夹中，如图7-255和图7-256所示。这样可以免除设计人员手动分离图稿和转存工作，让设计流畅，更加高效。

图7-255

图7-256

技巧放送 收集并导出资源

在移动设备应用程序开发工作中，由于各种设备屏幕大小不一样，用户体验设计师需要将设计图稿调成不同的尺寸、重新生成各种大小的图标和徽标。以往这种工作既枯燥又繁重，现在可轻松完成。只要将这些图标等选取，单击"资源导出"面板中的按钮，将各对象保存为单独的资源，此时可选择文件格式、设置缩放比例，然后按住Ctrl键单击需要导出的各资源，将它们选取，单击"导出"按钮即可。

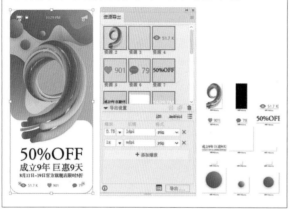

7.5.8 制作双轴图表

图表能直观地反映统计数据的比较结果，在各种工作中都有着广泛的使用。Illustrator中有9个图表工具，如图7-257所示，可以创建9种类型的图表。本实例制作双轴图表。这种图表能体现数据的走势，展现数据的环比及分析结果，应用的场合比较多。

图7-257

① 选择柱形图工具，拖曳出矩形框，以确定图表范围，如图7-258所示；释放鼠标左键，打开图表数据界面；单击一个单元格，然后在顶行输入数据，此数据便会出现在所选的单元格中。图7-259所示为输入的数据（在标签中创建换行符时，即输入"1季度 | 2021"时，"|"符号按Shift+\快捷键输入）。

图7-258   图7-259

提示

选择一个单元格后，按↑、↓、←、→键可以切换单元格；按Tab键可以确认输入的数据，并选择同一行中的下一单元格；按Enter键可确认输入的数据，并选择同一列中的下一单元格。单元格的左列用于输入类别标签，如年、月、日。如果要创建只包含数字的标签，则需要使用英文双引号将数字引起来，例如，2021年应输入"2021"，如果输入全角引号"2021"，则引号也会显示在年份中。

② 单击 ✓ 按钮创建图表，如图7-260所示。选择编组选择工具，将光标移动到黑色数据组上方，双击，将所有黑色数据组选取，如图7-261所示。

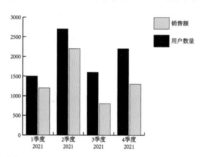

图7-260

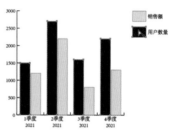

图7-261

③ 双击任意一个图表工具，打开"图表类型"对话框。单击"折线图"按钮，如图7-262所示，单击"确定"按钮关闭对话框，将所选数据组改为折线图，如图7-263所示。

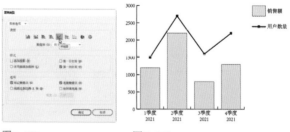

图7-262   图7-263

④ 在折线图的数据点上双击，将其全选，如图7-264所示，将描边调粗，效果如图7-265所示。在浅灰色数据组上双击，选取数据组，如图7-266所示，修改填充颜色，无描边，如图7-267所示。

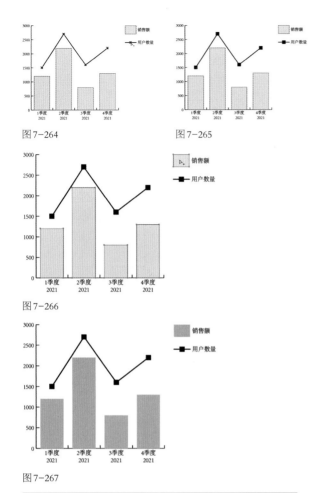

图7-264　　　　　图7-265

图7-266

图7-267

05 拖曳出一个选框，将左侧的数据选取，如图7-268所示。按住Shift键在图表底部的文字周围拖曳光标，将这些文字也一同选取，如图7-269所示。

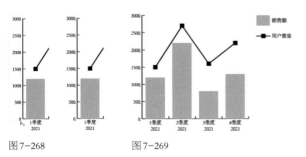

图7-268　　　　　图7-269

06 在"控制"面板中修改字体，如图7-270所示。

07 选取图例右侧的文字，修改字体和文字大小，如图7-271所示。

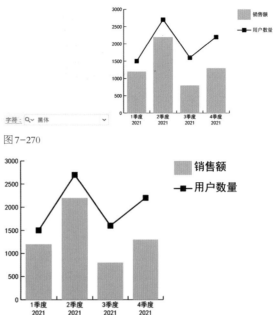

图7-270

图7-271

7.5.9 替换图表中的图例

图形、徽标、符号及包含图案和参考线的复杂对象都可用于替换图表中的图例。用这种方法可以得到符合特定行业需要、更加生动有趣的图表。

01 打开素材。使用选择工具▶单击房子图形，将其选取，如图7-272所示。

02 执行"对象"|"图表"|"设计"命令，打开"图表设计"对话框，单击"新建设计"按钮，将所选图形定义为一个设计图案，如图7-273所示。

图7-272　　　图7-273

03 选择柱形图工具▮▮，拖曳出矩形框，打开图表数据界面，输入数据，如图7-274所示，创建一个柱形图图表，如图7-275所示。

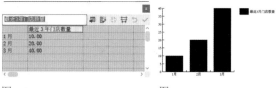

图7-274　　　　　　　　　图7-275

❹ 保持图表对象的被选取状态，执行"对象"|"图表"|"柱形图"命令，打开"图表列"对话框，单击新创建的设计图案；在"列类型"选项下拉菜单中选择"一致缩放"选项，取消勾选"旋转图例设计"复选框，如图7-276所示；单击"确定"按钮，用房子图形替换柱形图例，如图7-277所示。

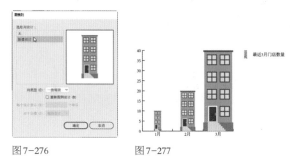

图7-276　　　　　　　　　图7-277

❺ 使用编组选择工具 ▷ 选取文字，修改字体为黑体（图例右侧的文字调大），如图7-278所示。

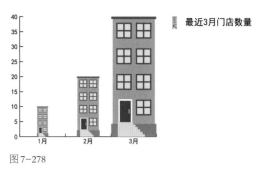

图7-278

设计图案调整技巧

当设计图案与图表的比例不匹配时，可以在"图表列"对话框的"列类型"选项下拉列表中设置如何缩放图案。选择"垂直缩放"选项，可根据数据的大小在垂直方向伸展或压缩图案，图案的宽度保持不变；选择"一致缩放"选项，则根据数据的大小对图案进行等比缩放；选择"局部缩放"选项，可以对局部图案进行缩放。

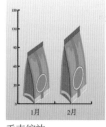 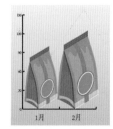

垂直缩放　　　　　　　　一致缩放

如果选择"重复堆叠"选项，则下方的选项将被激活。在"每个设计表示"选项中可以输入每个图案代表几个单位。例如，输入50，表示每个图案代表50个单位，Illustrator会以该单位为基准自动计算使用的图案数量。单位设置好以后，还要在"对于分数"选项中设置不足一个图案时如何显示。选择"截断设计"选项，图案将被截断；选择"缩放设计"选项，则压缩图案，以确保其完整。此外，勾选"旋转图例设计"复选框，还可将图案旋转90°。

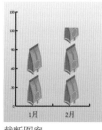 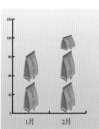

截断图案　　　　　　　　压缩图案

7.6 作业与习题

本章介绍了 Illustrator 中的变形功能，包括变形类工具和封套扭曲，以及混合功能和图表。下面是课后作业和习题，有助于读者巩固本章所学知识。

7.6.1 课后作业：为包装盒贴文字和标志

本实例为包装盒贴文字和标志。图7-279所示为素材。将文字移动到包装盒上。选择自由变换工具 ▷，打

开临时面板后，单击其中的"自由扭曲"按钮 ▱，如图7-280所示，然后拖曳控制点，对文字进行扭曲，使其符合包装盒的透视要求，如图7-281～图7-283所示。为了让文字颜色与所处环境相符，看上去也能够与包装盒协调，还可以将文字的混合模式设置为"柔光"，如图7-284

和图7-285所示。

图7-279

图7-280　　　　　　图7-281

图7-282　　　　　　图7-283

图7-284　　　　　　图7-285

　　采用同样的方法将标志贴在包装盒上。如果想让所贴文字和标志更加清晰，可以复制这些对象，然后按Ctrl+F快捷键原位粘贴，效果如图7-286所示。

图7-286

7.6.2 课后作业：大爱足球

　　本实例制作一个足球混合特效，如图7-287所示。首先打开素材，复制出两个足球，调小并降低"不透明度"，用这3个足球创建混合（步数为10），然后用路径替换混合轴，并反转对象的堆叠顺序即可，如图7-288所示。

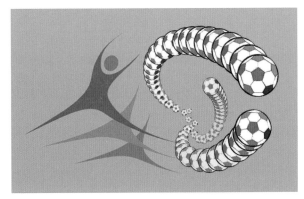

图7-287

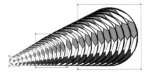

复制足球并调整大小和不透明度　　创建混合

绘制混合轴　　　　　　替换混合轴

图7-288

7.6.3 复习题

　　1. 与选择工具▶相比，自由变换工具除了可以移动、旋转和缩放对象外，还能进行哪些操作？

　　2. 哪些对象可用来创建混合效果？

　　3. 封套扭曲有几种创建方法？

　　4. 什么样的对象不能用来创建封套扭曲？

　　5. 如果对象填充了图案并添加了效果，在进行封套扭曲时，怎样才能让图案一同扭曲？怎样取消效果和图形样式的扭曲？

第8章
电商设计：效果、外观与图形样式

8.1 电商设计的主要内容

电子商务设计简称电商设计，是依赖于互联网而产生的一种连接线上和线下交易的商业活动，属于互联网设计里的一个分支。电商设计是平面设计和网页设计的结合体，按载体分为 PC 端和移动端，设计内容包括 Banner、体现各种主题活动的专题页，以及介绍产品的详情页等。

● Banner：也称横幅广告或旗帜广告，如图 8-1 所示。Banner 一般有 3 种类型：静态横幅、动画横幅和互动式横幅（用户单击横幅时，可以链接到广告主的网页）。

图 8-1

● 专题页：是一个内容聚合页，其内容全部围绕指定的专题来规划和展示，由头部 Banner 和内容展示区两部分构成，如图 8-2 所示。

● 详情页：是介绍产品详细内容的页面，如图 8-3 所示，可以让用户了解产品的详细信息，引发兴趣，产生信任，激发购买需求。

图 8-2

图 8-3

8.2 效果

效果是可以改变对象外观的功能，通过"效果"菜单来添加和使用。其具有可编辑的特点，即为对象添加效果后，"外观"面板会列出该效果，通过该面板可以修改效果参数，也可删除效果以还原对象。

8.2.1 Illustrator效果

在Illustrator中，要想制作特效，一定离不开效果。例如，通过效果为对象添加投影、使对象扭曲、令其边缘产生羽化、让对象呈现线条状等，如图8-4~图8-6所示。

圆形图形 　　使用"扭曲和变换"效果组中的效果制作小鸟

图8-4 　　　图8-5

渐变填充的图形／使用"风格化"效果组中的效果制作的UI图标

图8-6

"效果"菜单中包含两类效果，如图8-7所示。Illustrator效果是矢量效果，既能用于矢量对象，也可以处理位图（图像）的填色和描边。其中"3D""SVG滤镜""变形"效果组，以及"风格化"效果组中的"投影""羽化""内发光""外发光"等可以编辑位图。

选择对象后，执行"效果"菜单中的命令，或单击"外观"面板底部的 *fx.* 按钮，打开下拉菜单，选择一个命令即可为其添加效果。应用一个效果后（如使用"自由扭曲"效果），菜单中就会保存该命令，如图8-8所示。执行"效果"|"应用'自由扭曲'"命令，可以再次应用该效果。如果想对参数做出修改，可以执行第2个命令。

图8-7

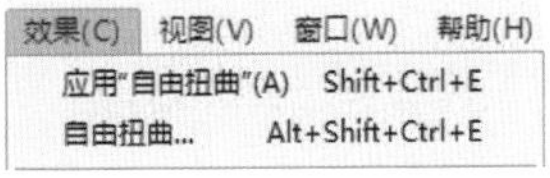

效果(C) 视图(V) 窗口(W) 帮助(H)

应用"自由扭曲"(A)	Shift+Ctrl+E
自由扭曲...	Alt+Shift+Ctrl+E

图8-8

8.2.2 Photoshop效果

Photoshop效果是栅格效果（与Photoshop中滤镜相同），如图8-9所示，矢量对象和位图都可以使用。

插画／使用"木刻"效果制作的版画

图8-9

使用Photoshop效果时会弹出"效果画廊"面板，如图8-10所示，或者相应的对话框。"效果画廊"集成了"扭曲""画笔描边""素描"等多个效果组中的命令，单击其中一个命令即可使用该效果组，并可在预览区中预览，参数控制区可以调整参数。单击"效果画廊"面板右下方的按钮，可以创建一个效果图层，此后可单击其他效果，以同时应用多个效果。

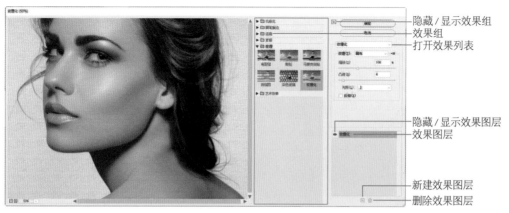

图8-10

> **提示**
>
> 使用Photoshop效果时，按住Alt键，相应对话框中的"取消"按钮会变成"重置"或"复位"按钮，单击即可将参数恢复到初始状态。如果在执行效果的过程中想要终止操作，可以按Esc键。

8.3 外观属性

填色、描边、不透明度和各种效果可以改变对象的外观，但不影响对象的基础结构，统称为"外观属性"。外观属性具有可随时添加、修改和删除等特点。

8.3.1 "外观"面板

默认状态下，在 Illustrator 中创建的对象具有最基本的外观属性，即黑色描边、填充白色，如图8-11所示。当外观发生改变时，例如，添加了"3D绕转（映射）"效果，如图8-12所示，"外观"面板就会将其记录和保留下来，如图8-13所示。

图8-11　　图8-12　　图8-13

- 所选对象的缩览图：即当前选择对象的缩览图，其右侧的名称显示了对象的类型，例如路径、文字、组、位图图像和图层等。
- 描边：显示并可修改对象的描边（描边颜色、粗细，也可使用渐变和图案描边）。
- 填色：显示并可修改对象的填充内容（颜色、渐变和图案）。
- 不透明度：显示并可修改对象的不透明度值和混合模式。
- 眼睛图标：单击该图标，可以隐藏（或重新显示）效果。
- 添加新描边/添加新填色：单击按钮，可以为对象添加新的描边或填色属性。
- 添加新效果 fx：单击该按钮打开下拉菜单可以选择效果。
- 清除外观：单击该按钮，可清除所选对象的外观，使其变为无描边、无填色状态。
- 复制所选项目：选择面板中的一个外观属性（不透明度除外），单击该按钮可进行复制。
- 删除所选项目：选择面板中的一个外观属性（不透明度除外），单击该按钮可将其删除。

8.3.2 为图层和组添加外观

在一个图层的选择列单击，选取该图层，如图8-14和图8-15所示，设置填色和描边属性，或者添加效果，如图8-16所示，此后该图层中的所有对象都更新填色和描边或添加这一效果，如图8-17所示。

图8-14

图8-15

图8-16

图8-17

如果将其他图层中的对象拖曳到该图层中，其也会添加这一效果，如图8-18～图8-20所示。同理，将该图层中的对象拖曳出去，则其会自动失去这一效果（因为效果属于图层，而不属于其中的单个对象）。

图8-18　　　图8-19　　　图8-20

如果要为组添加效果，使用选择工具单击编组对象，再执行"效果"菜单中的命令即可。

8.3.3 从对象上复制外观

选择一个图形，将"外观"面板顶部的缩览图拖曳到另外一个对象上，可以将所选图形的外观复制给目标对象，如图8-21所示。

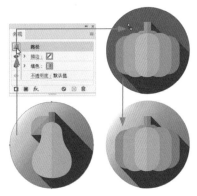
图8-21

此外，选取一个图形后，选择吸管工具，在另一个图形上单击，可将其外观属性复制给所选对象，如图8-22所示。

图8-22

8.3.4 修改外观

在"外观"面板中，外观属性是按照应用于对象的先后顺序堆叠排列的，这种形式称为堆栈。向上或向下拖曳外观属性，可以调整堆栈顺序。需要注意的是，这会影响对象的显示效果。

选择对象，如图 8-23 所示，单击一个外观属性，可对其进行修改，如图 8-24 ～图 8-26 所示。

图 8-23

图 8-24

图 8-25

图 8-26

如果添加了效果，则双击效果名称，如图 8-27 所示，可以打开相应的效果对话框，对相关参数进行修改，如图 8-28 和图 8-29 所示。

图 8-27

图 8-28

将投影颜色改为蓝色
图 8-29

8.3.5 删除外观

为对象添加外观后，如图 8-30 所示，如果想删除一种外观，可选取对象，在"外观"面板中将该外观属性拖曳到 🗑 按钮上，如图 8-31 ～图 8-33 所示。

图 8-30

图 8-31

图 8-32

图 8-33

如果只想保留填色和描边，删除其他外观，可以打开"外观"面板菜单，选择"简化至基本外观"选项，如图 8-34 和图 8-35 所示。如果要删除所有外观，将对象设置为无填色、无描边状态，可以单击 🚫 按钮。

图 8-34

图 8-35

8.3.6 扩展外观

如果想要将对象的外观扩展，即让描边、填色、效果等变成图形，可以使用编组选择工具 ▷ 将其选取，执行"对象"|"扩展外观"命令，扩展出来的对象会自动编组。图 8-36 所示为将阴影图形外观扩展后的效果。

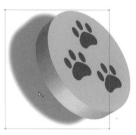
图 8-36

8.4 图形样式

图形样式是各种外观属性（填色、描边、不透明度、效果等）的集合，将其应用于对象时，能在瞬间改变其外观。

8.4.1 "图形样式"面板

"图形样式"面板保存了各种图形样式，可用于创建、重命名和应用外观属性。例如，选择一个对象，如图8-37所示，单击"新建图形样式"按钮 ⊞，可将所选对象的外观属性保存到"图形样式"面板中，如图8-38所示。

图8-37   图8-38

- 默认 □：单击该样式，可以将所选对象设置为默认的基本样式，即黑色描边、白色填色。
- 图形样式库菜单 ℿ.：单击该按钮，可在打开的下拉菜单中选择Illustrator中的图形样式库。
- 断开图形样式链接 ↷：用来断开当前对象使用的样式与面板中样式的链接。断开链接后，可单独修改应用于对象的样式，而不会影响面板中的样式。
- 删除图形样式 🗑：单击面板中的图形样式后单击该按钮，可将其删除。

8.4.2 添加图形样式

图8-39所示为一个拟人化雪糕图形，需要为其添加图形样式时，将其选择，然后单击"图形样式"面板中的一个样式即可，如图8-40和图8-41所示。如果再单击其他样式，则新样式会替换之前的样式。按住Alt键并单击新样式，可在现有的样式上追加新的样式。

未选取对象时，将一个样式拖曳到对象上，也可以为其添加样式。如果对象是由多个图形组成的，还可以通过这种方法为各图形添加不同的样式，如图8-42所示。

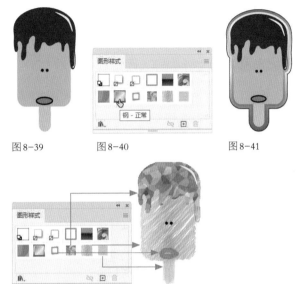

图8-39   图8-40   图8-41

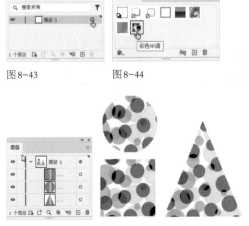

图8-42

图层和组也可以添加图形样式，其意义与为图层和组添加外观属性相同。例如，在图层的选择列单击，如图8-43所示，然后单击一个图形样式，如图8-44所示，将其应用于该图层，此后凡在该图层中创建的对象或移入此图层的对象，都会自动添加这一图形样式，如图8-45和图8-46所示。如果将对象从该图层中移除，则自动删除图层所具有的样式。

图8-43   图8-44

图8-45   图8-46

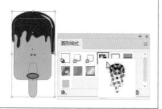

图 8-47　　　　图 8-48　　　　　　　图 8-49

8.4.3 从其他文件中导入图形样式

单击"图形样式"面板中的 ⯊ 按钮，打开下拉菜单，选择"其他库"选项，如图 8-47 所示，在弹出的对话框中选择一个 AI 格式的文件，如图 8-48 所示，单击"打开"按钮，可以将该文件中的图形样式导入一个单独的面板中，如图 8-49 所示。

8.4.4 重新定义图形样式

为对象添加图形样式后，如果想继续添加或修改外观，例如，添加一个效果，可以打开"外观"面板菜单，选择"重新定义图形样式"选项，就可以用修改后的样式替换"图形样式"面板中原有的样式。

8.5 设计与实战

本节包含 4 个设计实战，涉及使用效果制作电商标志、活动页、Banner、电商字体和详情页。

8.5.1 干果电商标志设计

本实例制作一个印章效果的标志，如图 8-50 所示。将传统的剪纸图形以印章的方式盖在干果包装袋上，可以体现浓浓的年味。

① 打开素材，如图 8-51 所示。按 Ctrl+A 快捷键全选，执行"效果"|"像素化"|"铜板雕刻"命令，在图稿中添加划痕，如图 8-52 和图 8-53 所示。

图 8-51

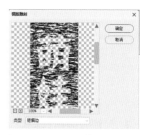

图 8-52

图 8-50

图 8-53

② 执行"效果"|"素描"|"图章"命令，打开效果画

廊，将图稿处理为黑色，并减少划痕，如图8-54和8-55所示。

⓷ 执行"文件"｜"置入"命令，置入包装袋素材，按Shift+Ctrl+[快捷键将其移至图标后方，效果如图8-56所示。

图8-54

图8-55

图8-56

8.5.2 服装电商活动页设计

每逢"6.18""双11"和"双12"等电商行业大型活动期间，商家都会在首页增加促销和折扣等信息，以此来吸引用户关注，提升销售额。本实例制作一个服装类活动页，如图8-57所示。

⓵ 按Ctrl+N快捷键，打开"新建"对话框，单击"移动设备"选项卡，选择"iPhone X"预设，如图8-58所示。按Enter键创建文档。

图8-57

图8-58

⓶ 使用矩形工具▣创建一个与画板大小相同的矩形，如图8-59和图8-60所示。

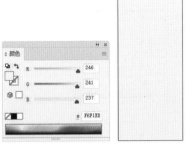

图8-59   图8-60

⓷ 执行"文件"｜"置入"命令，打开"置入"对话框，选择人物图像，如图8-61所示，取消"链接"复选框的勾选，单击"置入"按钮关闭对话框。在画板上单击，置入图像，如图8-62所示。

图8-61   图8-62

⓸ 使用铅笔工具✐绘制一个心形，如图8-63所示。使用选择工具▶按住Shift键单击人物图像，将其一同选取，按Ctrl+7快捷键创建剪切蒙版，将人像的显示范围限定在心形内部，如图8-64所示。

图8-63   图8-64

⓹ 使用铅笔工具✐绘制几个图形，分别填充不同的颜

色，如图8-65所示。

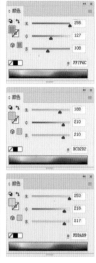

图8-65

06 打开素材，使用选择工具▶将其中的图形拖曳到手机文档中，如图8-66所示。也可以单击图形进行选取，然后按Ctrl+C快捷键复制，切换到手机文档后，按Ctrl+V快捷键进行粘贴。

07 选择文字工具 **T**，在画板上单击，然后输入文字"消夏出游套装"，单击选择工具▶结束文字编辑。设置字体，如图8-67所示，文字颜色为深绿色，如图8-68和图8-69所示。

图8-66

图8-67   图8-68

图8-69

08 执行"效果"|"变形"|"拱形"命令，对文字进行弯曲处理，如图8-70和图8-71所示。

图8-70   图8-71

09 输入其他文字，效果如图8-72所示。

10 使用选择工具▶单击矩形背景图形，如图8-73所示，按Ctrl+C快捷键复制，按Ctrl+F快捷键粘贴，再按Shift+Ctrl+]快捷键移至顶层，如图8-74所示。单击"图层"面板底部的■按钮，创建剪切蒙版，将矩形以外的图形隐藏，如图8-75和图8-76所示。

图8-72   图8-73   图8-74

图8-75   图8-76

8.5.3 店招Banner设计

本实例制作黑板报效果的店招Banner，如图8-77所示。

图8-77

01 Banner的尺寸一般宽度为1920像素、高度为600~800像素。按Ctrl+N快捷键，打开"新建文档"对话框，创建一个1920像素×800像素的RGB模式文档。

02 执行"文件"|"置入"命令，置入黑板素材，按Ctrl+2快捷键将其锁定。再置入一幅汽车图像，如图8-78所示。

图8-78

03 使用铅笔工具 ✐ 在车身外侧描绘轮廓，如图8-79所示。按Ctrl+C快捷键复制轮廓。使用选择工具 ▶ 按住Shift键单击汽车，将其与轮廓一同选取，如图8-80所示，按Ctrl+7快捷键创建剪切蒙版，将轮廓外的图像隐藏，如图8-81所示。

图8-79   图8-80

图8-81

04 执行"窗口"|"画笔库"|"艺术效果"|"艺术效果_画笔"命令，打开"艺术效果_画笔"面板。按Ctrl+F快捷键粘贴轮廓。单击如图8-82所示的画笔，用它描边路径，设置描边颜色为白色，如图8-83所示。

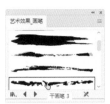

图8-82   图8-83

05 选择文字工具 **T**，在画板上单击并输入文字，设置文字颜色为红色，描边颜色为白色，如图8-84和图8-85所示。按Ctrl+C快捷键复制文字。

图8-84   图8-85

06 执行"效果"|"风格化"|"涂抹"命令，将文字处理为粉笔字效果，如图8-86和图8-87所示。

图8-86

图8-87

07 按Ctrl+B快捷键将文字粘贴到后方。执行"效果"|"扭曲和变换"|"粗糙化"命令，参数设置如图8-88所示，对文字进行扭曲。取消文字的

图8-88

填色并修改描边粗细，如图8-89所示。

图8-89

08 使用文字工具 T 输入其他文字并添加"涂抹"效果，如图8-90所示。

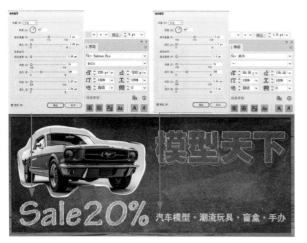

图8-90

09 执行"文件"|"置入"命令，置入素材，如图8-91所示。

图8-91

10 保持图像的被选取状态。执行"效果"|"艺术效果"|"海报边缘"命令，打开滤镜库，参数设置如图8-92所示，加深汽车轮廓，使其呈现广告插画的味道，如图8-93所示。

图8-92　　　　图8-93

11 使用矩形工具□创建一个白色的矩形（无填色），在

"描边"面板中为它添加虚线蒙版，如图8-94和图8-95所示。

图8-94

图8-95

12 执行"效果"|"扭曲和变换"|"粗糙化"命令，让虚线呈现不规则变化，如图8-96和图8-97所示。图8-98所示为整体效果。

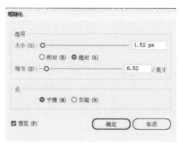

图8-96　　　　　　图8-97

图8-98

8.5.4 咖啡电商字体及详情页设计

详情页用于向用户介绍产品，引导用户下单购买。在详情页中既要完美地展示产品，同时产品信息也要清晰，如图8-99所示。

图 8-99

01 按Ctrl+N快捷键，打开"新建文档"对话框，参数设置如图8-100所示，创建一个RGB模式的文件。

图 8-100

02 选择矩形工具 ▣，在画板上单击，弹出"矩形"对话框，参数设置如图8-101所示，单击"确定"按钮，创建一个矩形。设置描边粗细为2pt，填充颜色为白色，单击"圆头端点"按钮 ⬤ 和"圆角连接"按钮 ⬤，如图8-102和图8-103所示。

图 8-101　　　　　　图 8-102　　　　　　图 8-103

03 使用选择工具 ▶ 并按住Alt+Shift快捷键拖曳图形进行复制，然后连续按两次Ctrl+D快捷键，继续复制图形，如图8-104所示。

图 8-104

04 单击第1个图形，将其选取。选择直接选择工具 ▷，将光标放在实时转角构件上，如图8-105所示，拖曳光标，将尖角改成圆角，如图8-106所示。在旁边创建一个矩形，如图8-107所示。按住Ctrl键（临时切换为选择工具 ▶）拖曳出一个选框，将这两个图形选取，如图8-108所示。放开Ctrl键，单击"路径查找器"面板中的 ⬤ 按钮，用前方图形减去后方图形，如图8-109和图8-110所示。

图 8-105　　　　　图 8-106　　　　　图 8-107

图 8-108　　　　　图 8-109　　　　　　　图 8-110

05 将光标放在如图8-111所示的路径段上，单击选取路径，如图8-112所示，按Delete键删除，字母"C"就做好了，如图8-113所示。

图 8-111　　　　　图 8-112　　　　　图 8-113

06 按住Ctrl键单击第2个矩形将其选取。将光标放在实时转角构件上并拖曳光标，制作出字母"O"，如图8-114和图8-115所示。按住Ctrl键单击第3个矩形，将其选取。在"窗口"菜单中打开"属性"面板，单击 ••• 按钮，显示隐藏的选项。单击 ⬤ 按钮，取消各圆角半径参数的链接，然后设置参数，将矩形的3个边角改成圆角，如图8-116和图8-117所示。

图8-114　　　图8-115

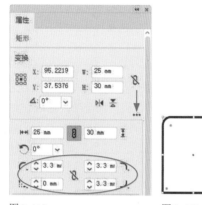

图8-116 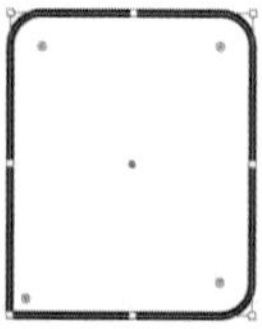　　　　　　　　图8-117

07 将光标移动到图形右下角，向左上方拖曳光标，如图8-118所示，选取如图8-119所示的锚点和路径，按Delete键删除，如图8-120所示。

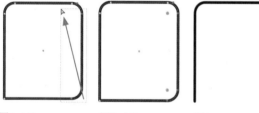

图8-118 　　　　图8-119　　　　图8-120

08 选择直线段工具／，按住Shift键并拖曳光标，绘制一条线段，与前一个图形组成字母"F"，如图8-121所示。使用选择工具▶将右侧的矩形移开，之后拖曳出一个选框，如图8-122所示，将字母"F"选取，按Alt+Shift快捷键拖曳图形进行复制，如图8-123所示。

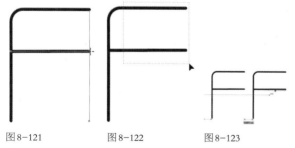

图8-121　　　　图8-122　　　　图8-123

09 选择最右侧的矩形，如图8-124所示。单击工具栏中的"描边"按钮，将描边设置为当前可编辑状态，如图

8-125所示，在"控制"面板中设置"圆角半径"为3.3mm，如图8-126所示。

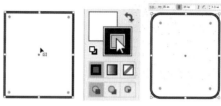

图8-124　　　图8-125　　　图8-126

10 选择直接选择工具▷，拖曳出一个选框，如图8-127所示，选取如图8-128所示的锚点，按Delete键删除，如图8-129所示。

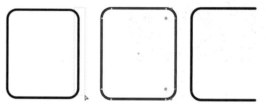

图8-127　　　图8-128　　　图8-129

11 选择直线段工具／，按住Shift键并拖曳光标，绘制一条线段，与前一个图形组成字母"E"，如图8-130所示。

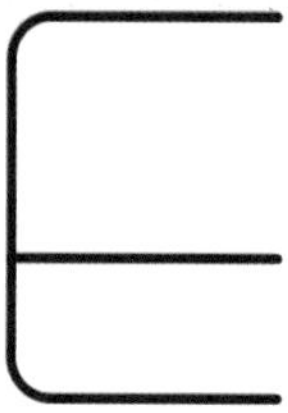

12 绘制一条线段，描边颜色设置为浅棕色，描边粗细设置为20pt，分别单击"圆头端点"按钮 **C** 和"圆角连接"按钮 **G** ，如图8-131~图8-133所示。

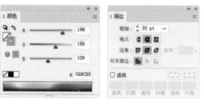

图8-130

图8-131　　　图8-132　　　图8-133

13 打开"外观"面板，将"描边"属性拖曳到 ◻ 按钮上，复制出新的描边属性，并修改描边粗细为12pt，如图8-134和图8-135所示。使用同样的方法继续复制描边并修改粗细，如图8-136所示。

图8-134　　　图8-135　　　图8-136

14 单击"图形样式"面板中的 ◻ 按钮，将该图形的外观保存为图形样式。选取"COFFE"文字图形，单击保存

的样式，将其应用到所选图形上，如图8-137和图8-138
所示。

图8-137　　　　图8-138

⑮ 执行"对象"|"扩展外观"命令，然后再执行"对
象"|"扩展"命令，弹出"扩展"对话框，如图8-139
所示，单击"确定"按钮，将样式扩展。先在"控制"
面板中将描边粗细设置为2pt，如图8-140所示，之后再
设置图形的填充颜色为白色，效果如图8-141所示。

图8-139　　　　图8-140

图8-141

⑯ 按Ctrl+N快捷键，打开"新建文档"对话框，选择如图
8-142所示的预设，创建符合移动设备使用要求的文档。

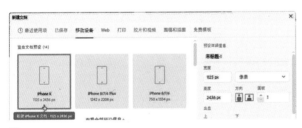

图8-142

⑰ 按Ctrl+R快捷键显示标尺。将光标移动到标尺上，向
画布拖曳光标，拖出参考线，如图8-143所示。执行"视
图"|"参考线"|"解锁参考线"命令，解除参考线的
锁定。使用选择工具▶单击参考线，将其选择，如图
8-144所示，单击"控制"面板中的"水平居中对齐"按
钮♣，将参考线调整到画布中央，如图8-145所示。

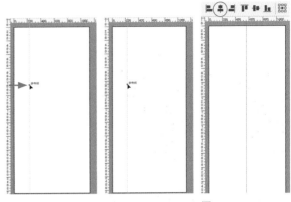

图8-143　　　图8-144　　　图8-145

⑱ 执行"文件"|"置入"命令，打开"置入"对话
框，选择素材并取消"链接"复选框的勾选，如图
8-146所示，按Enter键置入文件，如图8-147所示。

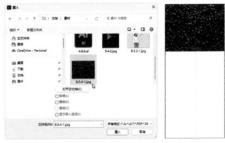

图8-146　　　　图8-147

⑲ 使用矩形工具▭创建一个矩形，如图8-148和图
8-149所示。

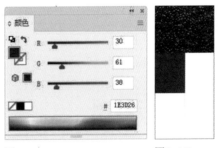

图8-148　　　　图8-149

⑳ 使用选择工具▶按住Shift+Alt快捷键拖曳矩形，复制
到右侧并修改颜色，如图8-150和图8-151所示。

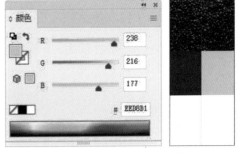

图8-150　　　　图8-151

㉑ 使用"置入"命令置入两幅图像，如图8-152所示。按住Shift键单击上方的两个矩形，将它们选取，如图8-153所示。

制、粘贴的方法操作），置入其他素材，在页尾添加图形和文字，效果如图8-159所示。

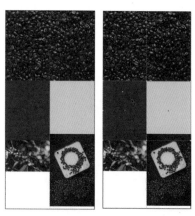

图8-152　　　图8-153

图8-154　　　图8-155　　　图8-156

㉒ 按住Shift+Alt快捷键向下拖曳进行复制，按Shift+Ctrl+]快捷键将它们调整到顶层。拖曳控制点将图形压扁，如图8-154所示。拖曳出一个选框，将左侧的两个对象选取，如图8-155所示，按Ctrl+7快捷键创建剪切蒙版，用矩形限定下方图像的显示范围，如图8-156所示。

㉓ 拖曳出选框，选取右侧的矩形及图像，如图8-157所示，创建剪切蒙版，如图8-158所示。这样两幅图像的显示范围就完全相同了，版面也变得整齐划一。

图8-157　　　图8-158　　　图8-159

㉔ 将前面制作好的特效字拖曳到此文档中（也可采用复

8.6 作业与习题

本章介绍了 Illustrator 效果和 Photoshop 效果的使用方法。下面是课后作业和习题，有助于读者巩固本章所学知识。

8.6.1 课后作业：制作牛仔布棒球帽

Illustrator 中的图形样式库是各种预设的图形样式集合，可以快速生成 3D 效果、图像效果和文字效果等。图 8-160 所示的棒球帽就是使用加载的图形样式制作出来的。

图8-160

单击"图形样式"面板中的 🔲 按钮，打开下拉菜单，选择"其他库"选项，打开帆布样式素材，其中包含所需的图形样式。将除帽檐内部的图形外的其他对象选取，如图8-161所示，单击加载的样式，为图形添加该样式，如图8-162和图8-163所示。

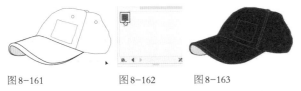

图8-161　　　　图8-162　　　　图8-163

使用选择工具 ▶ 按住Shift键单击如图8-164所示的两个图形，描边设置为2pt，以加粗缝纫线，如图8-165所示。选择方块图形，在"透明度"面板中设置混合模式为"滤色"，如图8-166和图8-167所示。

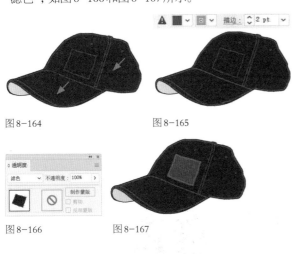

图8-164　　　　　　　　图8-165

图8-166　　　　图8-167

8.6.2 课后作业：制作线状立体圆环

使用椭圆工具 ◯ 创建一个圆形，用渐变色描边，如图8-168和图8-169所示。通过添加"波纹效果"命令，让图形产生波纹状扭曲，如图8-170和图8-171所示。

图8-168　　　　　　图8-169

图8-170 　　　　　　图8-171

执行"对象"|"扩展外观"命令，将效果扩展为图形。双击旋转工具 ↻，打开"旋转"对话框，设置"角度"为 −6°，单击"复制"按钮，旋转并复制出新图形，如图8-172和图8-173所示。保持它的被选取状态，连续按13次Ctrl+D快捷键进行复制，如图8-174所示。再为它添加"投影"效果，如图8-175和图8-176所示。

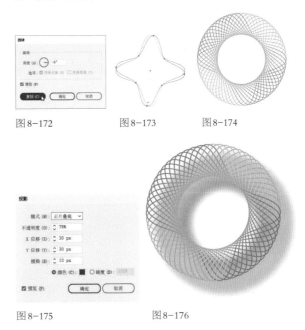

图8-172　　　　图8-173　　　　图8-174

图8-175　　　　　　图8-176

8.6.3 复习题

1. 默认状态下，在Illustrator中创建的图形是白色填色、黑色描边，怎样给图形添加更多的填色和描边属性？

2. "路径查找器"效果组对图形有何特殊要求？

3. 向对象应用效果后，怎样查看效果列表、编辑效果，或者删除效果以还原对象？

4. 外观属性具体包括哪些？

5. 外观属性（如效果、填充的图案等）及图形样式既可应用于所选对象，也能添加给图层，这两种使用方法有何区别？

第9章
海报设计：不透明度、混合模式与蒙版

本章简介

制作合成效果是设计师表现创意的重要手段，也是各种设计行业普遍应用的技术。在Illustrator中制作合成效果时，会用到"不透明度"功能和各种蒙版。修改对象的"不透明度"，可以使其呈现透明效果。为对象添加蒙版，则可遮盖对象，或者降低其显示程度。本章介绍的这些编辑功能不会给对象造成真正的修改和破坏，即对象可随时复原。

学习重点

9.1 海报设计的表现手法

海报（Poster）即招贴，是指张贴在公共场所的告示和印刷广告。作为一种视觉传达艺术，海报最能体现平面设计的形式特征，其设计理念、表现手法较之其他广告媒介更具典型性。海报从用途上分为3类，即商业海报、艺术海报和公共海报，其常用表现手法包括以下几种。

● 写实：一种直接展示对象的表现方法，能够有效地传达产品的最佳利益点。图9-1所示为芬达饮料海报。

● 联想：一种婉转的艺术表现方法，即由一个事物联想到另外的事物，或将事物某一点与另外事物的相似点或相反点自然地联系起来的思维过程。图9-2所示为瑞典连锁超市广告，非常形象地说明人体器官与食物的密切关系。

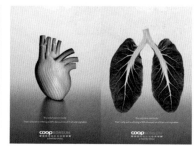

图9-1   图9-2

● 情感：美国心理学家马斯诺指出："爱的需要是人类需要层次中最重要的一个层次"。情感是最能引起人们心理共鸣的一种心理感受，在海报中运用情感因素可以增强作品的感染力，达到以情动人的效果。图9-3所示为里维斯牛仔裤海报—— 融合起来的爱，叫完美！

● 对比：对比是指将性质不同的要素放在一起相互比较。图9-4所示为Schick Razors舒适剃须刀海报，男子强壮的身体与婴儿般的脸蛋形成了强烈的对比，既新奇又极具幽默感。

● 夸张：通过一种夸张的、超出想象的画面内容吸引受众的眼球，具有极强的吸引力和戏剧性。图9-5所示为Nikol纸巾广告——超强吸水。

● 幽默：幽默的海报具有很强的戏剧性、故事性和趣味性，往往能够带给人会心一笑，让人感觉到轻松愉快，并产生良好的说服效果。图9-6所示为好运达RO4541吸尘器广告——打猎利器。图9-7所示为富士相机广告。

● 拟人：将自然界的事物进行拟人化处理，赋予其人格和生命力。这种方法能让受众迅速地在心里产生共鸣。图9-8所示为
Kiss FM摇滚音乐电台海报——跟着Kiss FM的劲爆音乐跳舞。

● 名人：巧妙地运用名人效应会增加产品的亲切感，产生良好的社会效益。图9-9所示为猎头公司广告——幸运之箭即将
射向你。这则海报暗示了猎头公司会像丘比特一样为用户制定专属的目标，帮用户找到心仪的工作。

图9-3

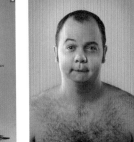
图9-4

图9-5

图9-6

图9-7

图9-8

图9-9

9.2 不透明度与混合模式

　　在Illustrator中，当对象上下堆叠时，位于下层的对象会被上层对象遮挡住。调整上层对象的不透明度和混合模式，可以使其下方的对象显现并与之混合。

9.2.1 调整对象的不透明度

　　如果想让对象呈现透明效果，可将其选取，如图9-10所示，然后在"透明度"面板的"不透明度"选项中调整数值即可，如图9-11和图9-12所示。如果想更好地观察透明区域，可以执行"视图"|"显示透明度网格"命令，在透明度网格上，图稿的透明范围及程度一目了然，如图9-13所示。

图9-10

图9-11

图 9-12　　　　　　图 9-13

9.2.2 单独调整填色和描边的不透明度

使用选择工具 ▶ 选取编组对象后，调整不透明度时，组中的所有对象会被视为单一对象来处理。如果只想调整个别对象，可以使用编组选择工具 ▶ 将其选取，再进行调整。

调整矢量图形的不透明度时，还会影响其填色和描边，如图 9-14 和图 9-15 所示。如果想分开编辑，例如，只调整填色的不透明度，可以单击"外观"面板"填色"属性左侧的 ▶ 按钮，展开列表后，单击"不透明度"按钮并进行调整，如图 9-16 和图 9-17 所示。如果想修改描边的不透明度，可选取描边属性，再用同样的方法操作。

图 9-14　　　　　　图 9-15

图 9-16　　　　　　图 9-17

9.2.3 混合模式

当对象互相堆叠时，选取上方对象，单击"透明度"

面板中的 ⌄ 按钮打开下拉菜单，如图 9-18 所示，选择一种混合模式，所选对象就会采用这种模式与下方的对象混合。Illustrator 中有16 种混合模式，可以采用加深、减淡和反相等特殊方法处理颜色，如图 9-19 所示。

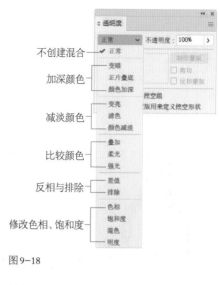

图 9-18

"正常"模式　　　以"正片叠底"模式混合

以"叠加"模式混合　　以"明度"模式混合

图 9-19

图层也可以设置混合模式。操作时，先在图层的选择列单击，如图 9-20 所示，然后在"透明度"面板中进行修改即可，如图 9-21 所示。此后凡添加到该图层中的对象都会受到这种混合模式的影响。

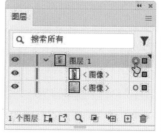 

图 9-20　　　　　　图 9-21

9.3 蒙版

蒙版用于遮盖对象，但不会将其删除，常用来制作合成效果。例如，让图片逐渐地融入背景，或者使用文本作为蒙版，让图形、图像等在文字的轮廓内显示等。Illustrator中有两种蒙版：剪切蒙版可以控制对象的显示范围；不透明度蒙版可以控制对象的透明程度。

9.3.1 创建/释放不透明度蒙版

将蒙版对象放在被遮盖的对象上方，如图9-22和图9-23所示，将其选择，如图9-24所示，单击"透明度"面板中的"制作蒙版"按钮，即可创建不透明度蒙版。蒙版对象（上面的对象）中的黑色会遮盖下方的对象，使其完全透明；灰色会使对象呈现半透明效果；白色不会遮盖对象，如图9-25所示。

图9-22　　　　　　　　图9-23

图9-24　　　　　　　　图9-25

如果要释放不透明度蒙版，可以选择对象，单击"透明度"面板中的"释放"按钮即可。

> **提示**
>
> 任何上色的矢量对象或位图（图像）都可用作不透明度蒙版。如果蒙版对象是彩色的，例如，彩色照片，则Illustrator会使用颜色的等效灰度来定义蒙版中的不透明度。

9.3.2 编辑不透明度蒙版

创建不透明度蒙版后，如图9-26所示，如果想修改蒙版，例如修改渐变，需要先单击"透明度"面板中的蒙版缩览图，如图9-27所示，再进行编辑，如图9-28所示。完成之后，需要单击左侧的图稿缩览图来结束编辑，如图9-29所示。

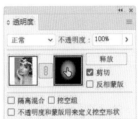

图9-26　　　　　　　　图9-27

图9-28　　　　　　　　图9-29

在这两个缩览图中间有一个链接图标🔗，表示图稿与蒙版处于链接状态，此时进行移动、旋转、缩放、扭曲等操作时，图稿和蒙版会同时变换，因此，遮盖区域不会出现变化。单击🔗图标可以取消链接，此后可单独对图稿或蒙版进行变换。需要重新建立链接时，可在原🔗图标处单击。"透明度"面板中其他选项参数如下。

● 剪切：默认情况下该复选框处于勾选状态，此时位于蒙版对象以外的图稿都被剪切掉。如果取消对该复选框的勾选，则蒙版以外的对象会显示出来。

● 反相蒙版：勾选该复选框，可以反转蒙版的遮盖范围。

● 隔离混合：在"图层"面板中选择一个图层或组，勾选该复选框，可以将混合模式与所选图层或组隔离，使其下方的对象不受混合模式的影响。

● 挖空组：勾选该复选框后，可以保证编组对象中单独的对象或图层在相互重叠的地方不能透过彼此而显示。

● 不透明度和蒙版用来定义挖空形状：用来创建与对象不透明度成比例的挖空效果。挖空是指下面的对象透过上方对象显示出来。要创建挖空，对象应使用除"正常"模式以外的其他混合模式。

9.3.3 创建剪切蒙版

剪切蒙版可以通过3种方法来创建，其效果也有所不同。例如，在人像上方创建一个图形，如图9-30所示，将其与人像一同选取，当执行"对象"|"剪切蒙版"|"建立"命令创建剪切蒙版时，蒙版图形只遮盖所选人像，如图9-31所示；如果通过单击"图层"面板中的 按钮的方法来创建，则蒙版图形会遮盖同一图层中的所有对象，如图9-32和图9-33所示。

图9-30　　　　　图9-31

图9-32　　　　　图9-33

此外，也可以通过内部绘图的方法来创建剪切蒙版。即选取一个矢量对象，如图9-34所示，然后单击工具栏中的"内部绘图"按钮，如图9-35所示；此时图形周围会出现一个虚线框，如图9-36所示，在这种状态下绘制图稿，所创建的对象只在其内部显示，如图9-37所示。要结束这种内部绘图，可以单击工具栏中的"正常绘图"按钮。

图9-34　　　　　图9-35

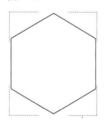

图9-36　　　　　图9-37

9.3.4 编辑/释放剪切蒙版

创建剪切蒙版后，剪切路径和被遮盖的对象都可编辑。例如，可以使用直接选择工具调整剪切路径的锚点，如图9-38所示，或者使用编组选择工具移动剪切路径或被遮盖的对象，如图9-39所示。如果剪切路径比较难选，可以单击"控制"面板中的按钮将其选取。单击按钮，则可选取被蒙版遮盖的对象。

拖曳形状构件　　　　向下移动剪贴路径

图9-38　　　　　图9-39

如果要释放剪切蒙版，即让被剪切路径遮盖的对象重新显示出来，可以选择剪切蒙版对象，执行"对象"|"剪切蒙版"|"释放"命令，或单击"图层"面板中的▣按钮。

> **提示**
>
> 在"图层"面板中，将其他对象拖入剪切路径组时，蒙版会对其进行遮盖；如果将剪切蒙版中的对象拖至其他图层，则可将其释放，即重新显示出来。

9.4 设计与实战

本节包含 5 个设计实战，可以学习如何使用混合模式、蒙版等功能制作海报和 LOGO。

9.4.1 设计大赛海报

本实例使用文字、混合模式和图案等制作一幅设计海报，如图9-40所示。

01 按Ctrl+N快捷键，打开"新建文档"对话框，单击"打印"选项卡，选择"A4"选项，创建A4大小的CMYK模式文档。

02 使用文字工具 **T** 在画板中单击并输入文字，按Esc键结束编辑。在"控制"面板中选择字体并设置大小，如图9-41所示。输入其他文字，如图9-42所示。

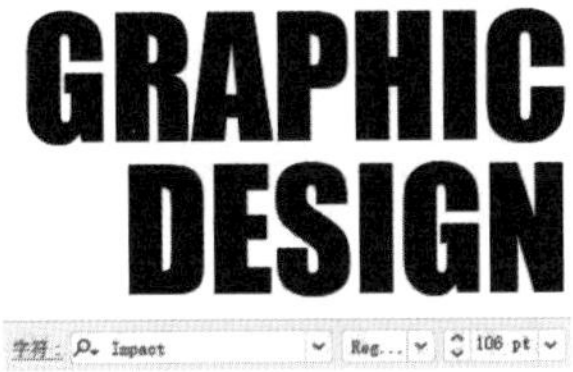

图9-40

图9-41

图9-42

03 按Ctrl+A快捷键全选，按Shift+Ctrl+O快捷键将文字转换为图形，如图9-43所示。按Shift+Ctrl+G快捷键取消编组。使用选择工具 ▶，分别选取各文字并修改颜色，如

图9-44所示。

图9-43

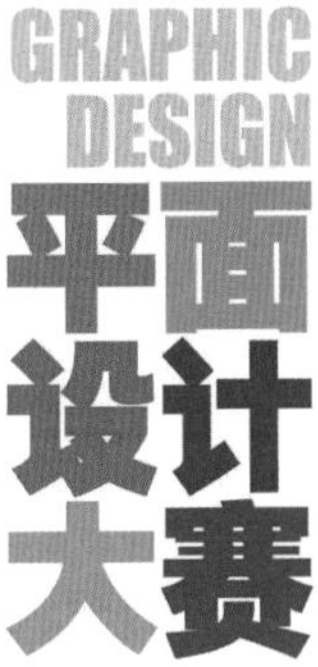

图9-44

04 选取文字"平"，按Ctrl+C快捷键复制，按Ctrl+F快捷键粘贴在前面，如图9-45所示。执行"窗口"|"色板库"|"图案"|"基本图形"|"基本图形_纹理"命令，打开"基本图形_纹理"面板。打开该面板的菜单，选择"小列表视图"选项，以方便查找图案。使用"点铜版雕刻"图案填充文字，如图9-46和图9-47所示。

图9-45　　　　　图9-46 　　　　　图9-47

05 打开"透明度"面板，设置混合模式为"变亮"，如图9-48和图9-49所示。

图9-48 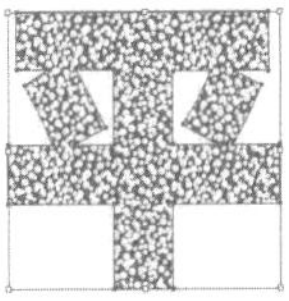　　　　　图9-49

06 按住Shift键并单击文字"面""设"和"赛"，按

Ctrl+C快捷键复制，按Ctrl+F快捷键粘贴在前面。单击"基本图形_纹理"面板底部的 ◀ 按钮，切换到"基本图形_点"面板，使用"波浪形粗网点"图案填充文字，如图9-50和图9-51所示。

图9-50　　　　图9-51

⑦ 复制文字"计"并粘贴到前面，为其填充"波浪形细网点"图案，如图9-52和图9-53所示。

图9-52　　　　图9-53

⑧ 复制文字"大"并粘贴到前面。单击"基本图形_点"面板底部的 ▶ 按钮，切换到"基本图形_线条"面板，为文字填充"波浪形粗线"图案，如图9-54和图9-55所示。使用同样的方法为字母填充"波浪形粗网点"图案，效果如图9-56所示。

图9-54　　　　图9-55　　　　图9-56

⑨ 使用椭圆工具 ◯ 并按住Shift键创建圆形，设置填充颜色为黄色，使用青色描边（粗细为15pt），如图9-57所示。设置混合模式为"正片叠底"，如图9-58和图9-59所示。

图9-57　　　　图9-58　　　　图9-59

⑩ 使用选择工具 ▶ 向右侧拖曳圆形，释放鼠标前按Alt+Shift快捷键，可在水平方向复制出一个新的圆形，如图9-60所示。将描边颜色设置为红色，如图9-61所示。使用同样的方法制作出更多的圆形，分别调整填充

和描边的颜色，使效果更加丰富，如图9-62所示。

图9-60

图9-61　　　　图9-62

⑪ 将"符号"面板中的符号拖曳到画板上。单击"符号"面板底部的 ◣ 按钮，断开符号实例的链接，为图形填充品红色。按住Shift键拖曳右上角的控制点，将图形旋转90°，如图9-63所示。在画面左侧输入大赛的其他信息，最终效果如图9-64所示。

图9-63　　　　图9-64

9.4.2　多重曝光效果海报

　　本实例制作多重曝光效果。多重曝光是摄影中采用两次或多次独立曝光并重叠起来组成一张照片的技术，可以在一张照片中展现多重影像。

① 按Ctrl+O快捷键，弹出"打开"对话框，选取本实例素材，如图9-65所示。这是一个PSD格式的文件，已经用Photoshop抠好图了（即将人像从背景中抠出来，并删除背景）。按Enter键，弹出"Photoshop导入选项"对话框，选中"将图层转换为对象"单选按钮，以便保留透明区域，如图9-66所示。

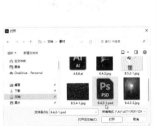

图9-65　　　　　　　图9-66

② 单击"确定"按钮，打开文件，如图9-67所示。由于画板是白色的，所以看不到抠图效果。要想观察图像效果，可以执行"视图"|"显示透明度网格"命令，图像的透明区域会显示灰白相间的棋盘格，如图9-68所示。执行"视图"|"隐藏透明度网格"命令，隐藏网格。

③ 执行"文件"|"置入"命令，在弹出的对话框中选取另一个素材，并取消"链接"复选框的勾选，如图9-69所示。单击"置入"按钮后，在画板上单击，将图像嵌入当前文档中，如图9-70所示。

图9-67　　　　　　　图9-68

图9-69　　　　　　　图9-70

④ 按Ctrl+A快捷键全选，单击"透明度"面板中的"制作蒙版"按钮，创建不透明度蒙版，勾选"反相蒙版"

复选框，对蒙版图像的明度进行反转，如图9-71和图9-72所示。

图9-71　　　　　　　图9-72

⑤ 创建不透明度蒙版后，"透明度"面板会显示两个缩览图，左侧是被蒙版遮盖的图稿，右侧是蒙版对象，在上方单击，如图9-73所示，选取蒙版对象，使用选择工具▶可以调整位置，如图9-74所示。单击图稿缩览图，如图9-75所示，退出蒙版编辑，如图9-76所示。

图9-73　　　　　　　图9-74

图9-75　　　　　　　图9-76

9.4.3 促销海报设计

本实例为手机端 App 制作活动打折页面，如图9-77所示。

图9-77

01 按Ctrl+O快捷键打开素材，如图9-78所示。选择文字工具 **T**，在画板上单击并输入数字2，如图9-79所示。

图9-78　　　　图9-79

02 设置文字的"不透明度"为50%，如图9-80所示，以便让下方的图像显示出来，如图9-81所示。

图9-80　　　　图9-81

03 选择钢笔工具 ，在被文字压住的图像上方（即头发上）绘制一条封闭的路径，如图9-82所示。设置其填充

颜色为黑色，如图9-83所示。

图9-82　　　　图9-83

04 使用选择工具 ▶ 单击文字，将"不透明度"恢复为100%。按住Shift键单击绘制的黑色图形，将其与文字一同选取，如图9-84所示。单击"透明度"面板中的"制作"蒙版按钮，创建不透明度蒙版，然后取消"剪切"复选框的勾选，如图9-85所示，这样黑色图形就会将所在处的文字隐藏，从而制作出文字穿插到头发后方的视觉效果，如图9-86所示。

图9-84　　　　图9-85

图9-86

05 用文字工具 **T** 输入文字，如图9-87和图9-88所示。

图9-87　　　　图9-88

06 在"起"字上拖曳光标，将其选取，修改文字大小和基线偏移值，如图9-89和图9-90所示。

图9-89　　　　　　　　图9-90

07 在画面上方输入文字，如图9-91所示。

图9-91

08 分别输入文字"大"和"吉"，如图9-92所示。用选择工具 ▶ 按住Shift键单击它们，将它们选取，如图9-93所示，执行"对象"|"缠绕"|"建立"命令，创建缠绕效果。

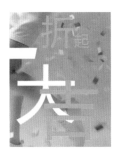

图9-92　　　　　　　　图9-93

09 按图9-94所示中两个圆圈的位置拖曳光标，修改文字的遮挡效果，如图9-95所示。使用直排文字工具 ↓T 输入

"开市"二字，如图9-96所示。添加一个白色的矩形边框，如图9-97所示。

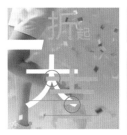

图9-94　　　　　　　　图9-95

图9-96　　　　　　　　图9-97

9.4.4 声乐培训班Logo设计

本实例使用蒙版制作一个声乐培训班Logo，如图9-98所示。

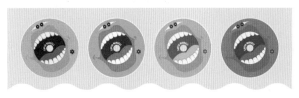

图9-98

① 打开素材，如图9-99所示，其中的参考线是一个光盘模板的形状，其创建方法为，先使用椭圆工具 ◯ 绘制圆形，再执行"视图"|"参考线"|"建立参考线"命令即可。参考线位于"图层1"中，并处于锁定状态，如图9-100所示。下面基于参考线绘制光盘。

图9-99　　　　　　图9-100

② 单击"图层"面板中的 ⊞ 按钮，新建"图层2"，如图9-101所示。选择椭圆工具 ◯，基于参考线创建两个圆形并填色，如图9-102和图9-103所示。

图9-101　　　图9-102　　　图9-103

③ 使用钢笔工具 ✐ 绘制嘴巴，如图9-104所示。在里面绘制深棕色圆形，如图9-105所示。根据参考线的位置绘制光盘中心最小的圆形，填充颜色为白色，如图9-106所示。

图9-104　　　图9-105　　　图9-106

④ 按Ctrl+A快捷键全选，如图9-107所示。单击"路径查找器"面板中的 ⊟ 按钮分割图形，如图9-108所示。使用直接选择工具 ▷ 单击最小的白色圆形，如图9-109所示，按Delete键删除。

图9-107　　　图9-108　　　图9-109

⑤ 新建一个图层，如图9-110所示。使用钢笔工具 ✐ 绘制舌头，如图9-111所示。

图9-110　　　　　　图9-111

⑥ 绘制出牙齿，如图9-112和图9-113所示。使用选择工具 ▶ 并按住Shift键单击所有牙齿图形，按Ctrl+G快捷键编组。按住Alt键向上拖曳进行复制，如图9-114所示。在定界框的一角拖曳，调整角度，使其符合上嘴唇的弧度，如图9-115所示。

图9-112　　　　　　图9-113

图9-114　　　　　　图9-115

⑦ 使用编组选择工具 ▷ 单击深棕色图形，将其选取，如图9-116所示，此时会自动跳转到该图形所在的图层，如图9-117所示。

图9-116　　　　　　图9-117

⑧ 按Ctrl+C快捷键复制图形。在空白处单击取消选择。单击"图层3"，按Ctrl+F快捷键将复制的图形粘贴到该图层前面，如图9-118和图9-119所示。

图9-118　　　　　　图9-119

09 单击"图层"面板底部的▣按钮，创建剪切蒙版，深棕色圆形会变为无填充和描边的对象，超出其范围的图形被隐藏，这样牙齿就被装进嘴巴里了，如图9-120和图9-121所示。

图9-120　　　　　　图9-121

10 新建一个图层。使用多边形工具●创建六边形，如图9-122所示。执行"效果"|"扭曲和变换"|"收缩和膨胀"命令，参数设置为62%，如图9-123所示，使图形膨胀，形成花瓣一样的效果，如图9-124所示。在图形中间绘制一个白色的圆形，如图9-125所示。

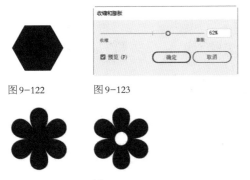

图9-122　　　　图9-123

图9-124　　　　图9-125

11 使用钢笔工具✐绘制眼睛图形，如图9-126所示。使用椭圆工具●制作黑色的眼珠和浅黄色的高光，如图9-127和图9-128所示。

图9-126　　　　图9-127　　　　图9-128

12 选取组成眼睛的3个图形，按Ctrl+G快捷键编组。双击镜像工具▷◁，打开"镜像"对话框，选中"垂直"单选钮，单击"复制"按钮，如图9-129所示，复制图形

并进行镜像处理，如图9-130所示。按住Shift键并将图形向右侧拖曳，如图9-131所示。

13 将花朵和眼睛放在光盘的相应位置。再使用钢笔工具✐绘制出嘴角的纹理，根据光盘结构设计出的卡通人物就完成了，如图9-132所示。

图9-129　　　　　　图9-130

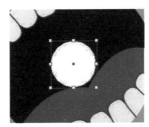

图9-131　　　　　　图9-132

14 在嘴巴里绘制一个圆形，如图9-133所示。选择路径文字工具✎，在"字符"面板中设置字体及大小，如图9-134所示。将光标放在圆形上，单击设置插入点，如图9-135所示，输入文字，效果如图9-136所示。

图9-133　　　　　　图9-134

图9-135　　　　　　图9-136

9.4.5 美味汉堡海报

01 按Ctrl+N快捷键，打开"新建文档"对话框，在"打印"选项卡里选择"A4"选项，创建一个A4大小的文档。执行"文件"|"置入"命令，打开"置入"对话框，选择图像素材，取消对"链接"复选框的勾选，单击"置入"按钮，关闭对话框。在画板上拖曳光标，将图像嵌入当前文档，如图9-137所示。

图9-137

02 下面执行抠图，即使用钢笔工具 ✐ 沿汉堡和盘子轮廓绘制路径，然后用剪切蒙版将背景遮挡住。操作时首先使用钢笔工具 ✐ 绘制路径，无填色，如图9-138所示。按Ctrl+A快捷键全选，按Ctrl+7快捷键创建剪切蒙版，将路径外部的图像隐藏，完成抠图，如图9-139所示。

图9-138   图9-139

03 选择矩形工具 ▢，在画板上单击，弹出"矩形"对话框，参数设置如图9-140所示，创建一个矩形并设置填充颜色为棕色，按Ctrl+[快捷键，将其移至抠好的图像后方，如图9-141所示。

图9-140   图9-141

04 使用选择工具 ▶ 并按住Shift+Alt快捷键拖曳矩形，进行复制，修改填充颜色，如图9-142所示。在页面下方创建一个矩形，如图9-143所示。

图9-142   图9-143

05 执行"文件"|"置入"命令，将另一幅图像素材置入文档中。使用钢笔工具 ✐ 绘制盘子轮廓，如图9-144所示。按Ctrl+Shift快捷键并单击图像，将其与路径一同选取，如图9-145所示。按Ctrl+7快捷键创建剪切蒙版，如图9-146所示。

图9-144

图9-145   图9-146

06 使用选择工具 ▶ 将其拖曳到如图9-147所示的位置。使用椭圆工具 ⬭ 并按住Shift键的同时拖曳光标，创建一个圆形，如图9-148所示。

图9-147   图9-148

07 使用文字工具 T 在空白区域单击并输入文字（两行文

字间用Enter键换行），如图9-149和图9-150所示。在下方的文字上拖曳光标，将其选取，修改文字大小和段落间距，如图9-151所示。单击"控制"面板中的≡按钮，让文字居中对齐，如图9-152所示。

图9-149　　　　　　　　　图9-150

图9-151　　　　　　　　　图9-152

08 使用选择工具▶，结束文字编辑，将其拖曳到圆环内，在"变换"面板设置角度为10°，如图9-153和图9-154所示。

图9-153　　　　　　　　　图9-154

09 使用直排文字工具↓T输入两组文字，如图9-155和图9-156所示。字体用粗黑体，以便更加醒目。

图9-155　　　　　　　　　图9-156

10 使用直排文字工具↓T在画面空白处输入两组文字，如图9-157所示。将其选取，执行"文字"|"创建轮廓"命令，转换为路径。选择自由变换工具▯⸡，在显示的面板中单击"透视扭曲"按钮▯⸡，单击一组文字，拖曳右下角的控制点，进行扭曲处理，如图9-158所示。按住Ctrl键并单击另一组文字，将其选取，使用同样的方法对其进行扭曲。按住Ctrl键在空白处单击结束编辑，文字效果如图9-159所示。

图9-157　　　　图9-158　　　　图9-159

11 使用选择工具▶将其拖曳到汉堡上，并适当旋转角度，如图9-160所示。使用钢笔工具✎在文字两侧绘制三角形，如图9-161所示。

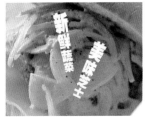

图9-160　　　　　　　　　图9-161

12 接下来制作24小时营业图标。选择椭圆工具◯，按住Shift键并拖曳光标，创建圆形，如图9-162所示。拖曳形状构件，调整为如图9-163所示的形状。使用直接选择工具▷单击如图9-164所示的锚点，按Delete键删除，如图9-165所示。在"描边"面板中为路径端点添加箭头，如图9-166和图9-167所示。

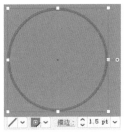

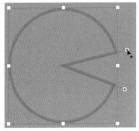

图9-162　　　　　　　　　图9-163

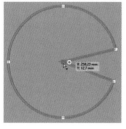

图9-164

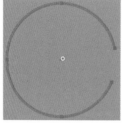

图9-165

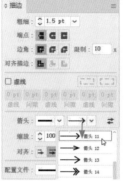

图9-166

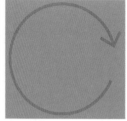

图9-167

⑬ 选择文字工具 **T**，输入文字"24h"，如图9-168和图9-169所示。

图9-168

图9-169

⑭ 输入两行文字（无描边）。执行"文字"|"创建轮廓"命令，将其转换为路径。创建一个橙色的矩形，按Ctrl+[快捷键移至文字下方，如图9-170所示。选取文字和矩形，执行"对象"|"复合路径"|"建立"命令，制作出挖空效果，如图9-171所示。将该图形及24小时营业图标拖曳到海报上，如图9-172所示。

图9-170

图9-171

图9-172

⑮ 用文字工具 **T** 将其他文字补全，如图9-173所示。

图9-173

9.5 作业与习题

本章介绍了不透明度、混合模式、不透明度蒙版和剪切蒙版。下面是课后作业和习题，有助于读者巩固本章所学知识。

9.5.1 课后作业：百变潮鞋

本章介绍的不透明度、混合模式和蒙版是制作合成效果时常用的几种功能。其中，剪切蒙版由于可以通过路径来控制图稿的显示范围，定位准确，修改也非常方便，

适合在马克杯、滑板、T恤、鞋子等表面贴图，表现图案效果，如图9-174所示。

图9-175所示为鞋子和花纹素材。花纹在"符号"面板中，如图9-176所示，将其拖曳到画板上即可使用。需要注意的是，在制作时要将鞋面、鞋底和鞋带等部分放在

不同的图层中，鞋面则要与花纹位于同一图层。

图9-174

图9-175   图9-176

虽然给对象贴图也可以通过将花纹创建为图案，然后用图案来填充鞋子图形的方法。但这样处理后，一旦需要修改图案，就要重新定义图案，比较麻烦，使用剪切蒙版则要方便得多。

9.5.2 课后作业：个性化手机壁纸

本实例用剪切蒙版制作手机壁纸，如图9-177所示。图9-178所示为素材。

图9-177

图9-178

操作时使用编组选择工具 ▷ 单击手机屏幕图形，如图

9-179所示，按Ctrl+C快捷键复制。将图像移动到屏幕上，如图9-180所示。按Ctrl+F快捷键将图形粘贴到顶层。按住Shift键单击图像，将其与屏幕图形一同选取，按Ctrl+7快捷键创建剪切蒙版。创建一个矩形，填充包含透明区域的白色渐变，混合模式设置为"强光"，将其拖曳到剪切组中，表现屏幕的反光，如图9-181~图9-184所示。

图9-179   图9-180

图9-181   图9-182

图9-183   图9-184

9.5.3 复习题

1. 怎样调整填色和描边的不透明度及混合模式？

2. 以置入AI格式文件为例，描述在Illustrator中嵌入和链接的区别。

3. 作为可以调整对象透明度的功能，"不透明度"选项与不透明度蒙版在效果上最大的区别是什么？

4. 怎样创建剪切蒙版？

5. 哪些对象可作为蒙版使用？

第10章
服装设计：画笔、图案与符号

10.1 服装设计的绘画形式

服装设计的绘画形式有两种，即时装画和服装效果图。

时装画是时装设计师表达设计思想的重要手段，传达的是一种理念，强调绘画技巧，突出整体的艺术气氛与视觉效果，主要用于宣传和推广。图10-1和图10-2所示为时装插画大师 David Downton 的作品。时装画以其特殊的美感形式成为了一个专门的画种，如时装广告画、时装插画等。

服装设计效果图是服装设计师用来预测服装流行趋势，表达设计意图的工具。服装设计效果图表现的是模特穿着服装所体现出来的着装状态。人体是设计效果图构成中的基础因素，通常，头高(从头顶到下颌骨)同身高的比值称为"头身"。标准的人体比例为1:8，而服装设计效果图中的人体可以在写实人体的基础上略夸张，使其更加完美，8.5~10个头身的比例都比较合适。图10-3所示为真实的人体比例与服装效果图人体的差异。即使是写实的时装画，其人物的比例也是夸张的，即头小身长，如图10-4所示。

图10-1

图10-2

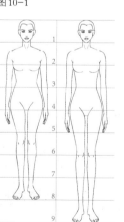

图10-3

图10-4

10.2 使用画笔描边

使用画笔描边路径，可以让路径呈现不同的外观，也能模拟毛笔、钢笔、油画笔等笔触效果。

10.2.1 画笔工具

画笔工具 ✐ 可以在绘制路径的同时对其应用画笔描边。选择该工具后，需要先在"画笔"面板中选择一种画笔，如图10-5所示，然后拖曳光标即可进行绘制，如图10-6所示。如果要绘制闭合的路径，可在绘制的过程中按住Alt键（光标会变为 ✐ 状），再释放鼠标左键。

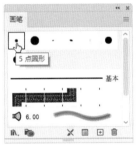

图10-5　　　　　　　　图10-6

使用画笔工具 ✐ 绘制路径后，保持路径的被选取状态，将光标放在路径的端点，如图10-7所示，拖曳光标可以延长路径，如图10-8所示；在路径段上进行拖曳，可以修改路径的形状，如图10-9和图10-10所示。

图10-7　　　　　　　　图10-8

图10-9　　　　　　　　图10-10

10.2.2 "画笔"面板

图10-11所示为"画笔"面板，它用来保存、创建和应用画笔。

图10-11

Illustrator中有5种画笔：书法画笔、散点画笔、毛刷画笔、图案画笔和艺术画笔，如图10-12所示。

书法画笔　散点画笔　毛刷画笔　图案画笔　艺术画笔

图10-12

书法画笔可以模拟书法钢笔，绘制出扁平的、带有一定倾斜角度的描边；散点画笔能将一个对象（如一只瓢虫或一片树叶）沿着路径分布；毛刷画笔可以绘制出带有毛刷痕迹的绘画笔迹，能很好地模拟使用真实画笔和介质（如水彩）的绘画效果；图案画笔可以沿路径重复拼贴图案，并在路径的不同位置（起点、拐角、终点）应用不同的图案；艺术画笔可以沿路径的长度均匀地拉伸画笔形状，能惟妙惟肖地模拟水彩、毛笔、粉笔、炭笔、铅笔等绘画效果。

10.2.3 用画笔描边路径

如果要为矢量对象添加画笔描边，可将其选择，如图10-13所示，然后单击"画笔"面板中的一个画笔即可，如图10-14和图10-15所示。再次单击其他画笔，可以替换之前的画笔。

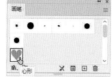

图 10-13　　　　　　　　　图 10-14

图 10-15

10.2.4　创建画笔

　　Illustrator 提供了丰富的画笔资源，但并不一定能满足所有人的个性化要求。如果需要一些特殊的画笔，可以使用图稿来创建。

　　创建画笔时，首先单击"画笔"面板底部的 ⊞ 按钮，打开"新建画笔"对话框，如图 10-16 所示，选择画笔类型后，单击"确定"按钮，可以打开相应的画笔选项对话框。图 10-17 所示为"书法画笔选项"对话框。设置好参数后，单击"确定"按钮，即可创建画笔并保存到"画笔"面板中。

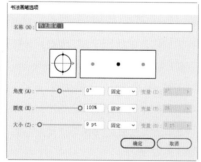

图 10-16　　　　　　　图 10-17

　　不同类型的画笔的创建要求也有所不同。书法画笔可以直接创建。散点画笔、图案画笔和艺术画笔在创建前，先要准备好相应的图稿，且图稿中不能使用渐变、混合、其他画笔描边、网格、图像、图表、置入的文件和蒙版。图案画笔和艺术画笔的图稿中还不能有文字（如果要包含文字，应先将其转换为轮廓）。

10.2.5　修改画笔

　　图 10-18 所示为添加画笔描边的图稿。双击其所使用的一个画笔，如图 10-19 所示，可以打开相应的对话框，修改画笔参数，如图 10-20 所示。单击"确定"按钮，会弹出一个提示框，如图 10-21 所示。单击"应用于描边"按钮，可确认修改，同时，使用该画笔进行描边的对象会自动更新，如图 10-22 所示；单击"保留描边"按钮，可更改参数，但不影响已添加到对象上的画笔描边。

图 10-18

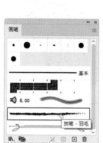

图 10-19　　　　　　图 10-20

图 10-21　　　　　　　图 10-22

　　如果想修改画笔中的原始图形，可将其从"画笔"面板中拖曳到画板上，这样它就成为一个可编辑图形，如图 10-23 所示。使用选择工具 ▶ 单击，将其选取并进行修改，如图 10-24 所示，完成修改后，按住 Alt 键拖回原始画笔上方，如图 10-25 所示，释放鼠标，弹出一个对话框，如图 10-26 所示，单击"确定"按钮，接着会弹出一个提示信息，如图 10-27 所示，单击"应用于描边"按钮确认修改，修改后的对象如图 10-28 所示。

图 10-23　　　　　　图 10-24

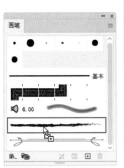

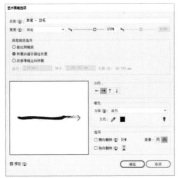

图 10-25   图 10-26   图 10-27   图 10-28

10.3 图案

图案可用于填色和描边，在服装设计、包装和插画等设计中应用较多。在 Illustrator 中创建的任何图形、图像等都可以定义为图案。并且，用作图案的基本图形还可以使用渐变、混合和蒙版等效果。

10.3.1 创建图案

如果想将某个对象创建为图案，可将其选择，如图 10-29 所示，执行"对象" | "图案" | "建立"命令，弹出"图案选项"面板，如图 10-30 所示。设置参数后，单击画板左上角的 ✔ 完成 按钮，即可创建图案，并保存到"色板"面板中。

图 10-29

- 图案拼贴工具 ▦：单击该工具后，画板中央的基本图案周围会出现定界框，拖曳控制点可以调整拼贴间距，如图 10-31 所示。

- 名称：可以为图案设置名称。
- 拼贴类型：可以选择图案的拼贴方式，效果如图 10-32 所示。如果选择"砖形"，还可以在"砖形位移"选项中设置图形的位移距离。

拼贴类型

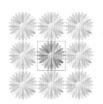

网格

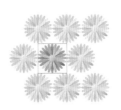

砖形（按行）

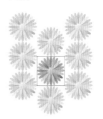

砖形（按列）

十六进制（按列）

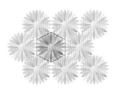

十六进制（按行）

图 10-30

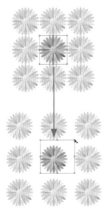

图 10-31

图 10-32

- 宽度/高度：可以设置拼贴图案的宽度和高度。如果要进行等比缩放，可单击 ⅛ 按钮。
- 将拼贴调整为图稿大小/重叠：勾选"将拼贴调整为图稿大小"复选框，可以将拼贴缩放到与所选图形相同的大小。如果要设置拼贴间距的精确数值，可以在"水平间距"和"垂直间距"选项中设置。这两个值为负值，对象会重叠，单击重叠选项后的按钮，可以设置重叠方式，包括左侧在前 ◆◆、右侧在前 ◆◆、顶部在前 ◆、底部在前 ◆。
- 份数：可以设置拼贴数量。
- 副本变暗至：可以设置图案副本的显示程度。
- 显示拼贴边缘：在基本图案周围显示定界框。
- 显示色板边界：勾选该复选框，可以显示图案中的单位区域，单位区域重复出现即构成图案。

图案缩放参数
图 10-35

按照预设参数单独缩放图案
图 10-36

10.3.2 变换图案

对象填充图案以后，使用选择工具 ▶、旋转工具 ↻、比例缩放工具 ⊡ 等进行变换操作时，图案不变。如果想变换图案，可在画板中单击后，按住~键并拖曳光标，如图 10-33 和图 10-34 所示。如果要精确变换图案，可以选择对象，双击任意变换工具，打开相应对话框，勾选"变换图案"复选框，如图 10-35 和图 10-36 所示。

原图形
图 10-33

单独旋转图案
图 10-34

10.3.3 使用标尺调整图案位置

如果要调整图案在图稿上的位置，可以按 Ctrl+R 快捷键显示标尺，如图 10-37 所示，执行"视图"|"标尺"|"更改为全局标尺"命令，启用全局标尺，将光标放在窗口左上角，拖曳出十字线，并移动到希望作为图案起始点的位置上即可，如图 10-38 所示。

图 10-37　　　　图 10-38

需要将图案恢复为之前默认的拼贴位置，可以在窗口左上角，即水平、垂直标尺相交处双击。

10.4 符号

符号在平面设计和 Web 设计中较为有用，通过它可以快速地、大量地生成相同的对象，如纹样、地图标记、技术图纸符号等，使绘图变得轻松、高效。

10.4.1 创建符号

使用选择工具 ▶ 将对象拖曳到"符号"面板中，可将其定义为符号，如图 10-39 所示。在"符号"面板中单击一个符号，如图10-40所示，使用符号喷枪工具📷在画板上单击，可以创建一个符号实例。按住鼠标左键不放或进行拖曳，可以创建一组符号，如图10-41所示。

图10-39

图10-40　　　　　　　图10-41

　　一个符号组中能包含不同的符号实例。操作时，先使用选择工具▶单击符号组，如图10-42所示，然后在"符号"面板中选择另外的符号，如图10-43所示，再使用符号喷枪工具📷创建符号即可，如图10-44所示。

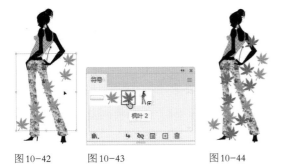

图10-42　　　图10-43　　　　　图10-44

10.4.2 编辑符号实例

　　在编辑符号实例前，首先要使用选择工具▶单击符号组，将其选择，如图10-45所示，然后在"符号"面板中单击符号实例所对应的符号，如图10-46所示，此后便可修改符号实例。当符号组中包含多种符号创建的符号实例时，如果想同时编辑，则先要在"符号"面板中按住Ctrl键并单击所对应的符号，将其一同选取，再进行操作。

图10-45　　　　　　　图10-46

● 删除符号实例：选择符号喷枪工具📷，按住Alt键并单击符号实例，可将其删除。按住Alt键拖曳光标，则可删除光标下方的所有符号实例。

● 移动符号实例：使用符号位移器工具📷可以对符号实例进行移动。按住Shift键并单击一个符号实例，可将其调整到其他符号实例的前方，如图10-47和图10-48所示。按Shift+Alt快捷键并单击，可将其调整到其他符号实例后方。

图10-47　　　　　　　图10-48

● 调整符号实例大小：使用符号缩放器工具📷在符号实例上单击可将其放大，如图10-49所示。按住Alt键操作，可缩小符号实例，如图10-50所示。

图10-49　　　　　　　图10-50

● 调整符号实例密度：使用符号紧缩器工具📷在符号实例上单击或拖曳光标，可让符号实例聚拢在一起，如图10-51所示。按住Alt键操作，可以使符号实例扩散开，如图10-52所示。

图10-51　　　　　　　图10-52

● 旋转符号实例：使用符号旋转器工具📷在符号实例上单击或拖曳光标，可以旋转符号实例，如图10-53所示。

● 修改符号实例颜色：在"色板"

图10-53

面板或"颜色"面板中选取一种颜色，如图10-54所示，使用符号着色器工具 ✎ 在符号上单击，可为其上色，如图 10-55所示。连续单击，能增加颜色的浓度，直至将符号实例改为上色的颜色。如果要还原颜色，可以按住Alt键操作。

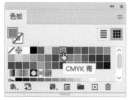

图 10-54　　　　　　图 10-55

图 10-58　　　　　　图 10-59

● 调整符号实例的透明度：使用符号滤色器工具 ✎ 在符号实例上拖曳光标，可使其呈现透明效果，如图 10-56所示。需要还原透明度时，可按住Alt键操作。

图 10-56

● 给符号实例添加图形样式：使用符号样式器工具 ✎，单击"符号"面板中的符号，在"图形样式"面板中选择一种样式，在符号实例上单击或拖曳光标，可为其添加图形样式。如果要减少样式的应用量或清除样式，可以按住Alt键操作。

10.4.4　重新定义符号

如果符号组中使用了不同的符号，想要替换其中的一种符号，可以通过重新定义符号的方法来操作。首先，将符号从"符号"面板拖曳到画板上，如图10-60所示。单击 ✎ 按钮，断开符号实例与符号的链接，即可对符号实例进行编辑和修改，如图10-61所示。修改完成后，执行面板菜单中的"重新定义符号"命令，将其重新定义为符号，文档中所有使用该样本创建的符号实例都会更新，其他符号实例则保持不变，如图10-62所示。

10.4.3　替换符号

选择符号组，如图11-57所示，在"符号"面板中选择另外的符号，打开面板菜单，执行"替换符号"命令，可替换所选符号，如图11-58和图11-59所示。

图 10-57

图 10-60 　　　　图 10-61　　　　图 10-62

10.5　设计与实战

本节包含 6 个设计实战，可以学习如何使用画笔描边制作书法效果文字、用色板库制作网点纸和蝴蝶结，以及制作四方连续图案和绘制马克笔效果时装画等。

10.5.1　毛笔字风格服装电商首页设计

本实例制作服饰类电商首页，如图10-63所示。首页是店铺页面中面积最大的区域，是商家向消费者展示店铺产品和形象的一种宣传海报。

01 打开素材，如图10-64所示。执行"窗口"|"画笔库"|"艺术效果"|"艺术效果_画笔"命令，打开"艺术效果_画笔"面板，如图10-65所示。

02 选择画笔工具 ✐，单击"画笔1"，如图10-66所示，拖曳光标书写"秋"字的一撇，设置描边颜色为白色、粗细为2pt，如图10-67所示。

图10-63

图10-64

图10-65

图10-66

图10-67

03 按住Ctrl键并在空白处单击，取消路径的选取。单击"画笔3"，如图10-68所示，书写短横，笔势略向上挑。手写字要自然一些，切忌呆板。设置描边粗细为1pt，如图10-69所示。继续书写其他笔画，如图10-70所示。在书写时要借鉴行书的写法，注重文字的动态表现，不要像书写楷书那样横平竖直、端正肃穆。

图10-68

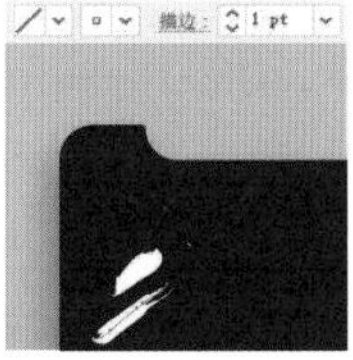

图10-69

图10-70

04 单击"画笔2"，如图10-71所示。将"火"字旁的两

点连起来书写，如图10-72所示。单击"画笔1"，写撇和捺，如图10-73所示。

图10-71

图10-72

图10-73

05 用这样的方法书写，文字笔画富于变化，姿态生动，如图10-74所示。

图10-74

06 执行"文件"|"置入"命令，打开"置入"对话框，选择图像素材，如图10-75所示，按Enter键关闭对话框。在画板上单击，置入图像，如图10-76所示。

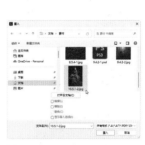

图10-75

图10-76

07 按Shift+Ctrl+[快捷键，将图像调整到文字下方。在"文字和图标"图层最左侧单击，让该图层中的素材显示出来，如图10-77和图10-78所示。

图10-77

图10-78

缩放画笔描边

为对象添加画笔描边后，如果画笔图形较大或较小，可在选取对象后，单击"画笔"面板底部的 按钮，在打开的对话框中设置缩放比例，对画笔描边进行单独缩放。

10.5.2 制作网点纸动漫

本实例制作网点纸动漫效果。网点纸动漫是在绘画动漫时使用半色调或网点纸来实现特定的效果，可以通过不同密度和大小的网点表现阴影和渐变。

01 打开素材。执行"对象"|"画板"|"适合图稿边界"命令，将画板调整到图稿边缘，如图10-79所示。使用选择工具▶单击图像，执行"编辑"|"编辑颜色"|"转换为灰度"命令，转换为黑白效果，如图10-80所示。按Ctrl+2快捷键，将图稿锁定。

图10-79

图10-80

02 使用钢笔工具✏绘制一个封闭的图形，如图10-81所示。执行"窗口"|"色板库"|"图案"|"基本图形"|"基本图形_点"命令，打开"基本图形_点"面板。为图形填充如图10-82所示的图案，并取消描边，效果如图10-83所示。

图10-81

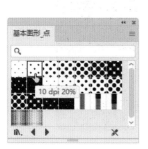
图10-82

图10-83

03 保持矩形的被选取状态。双击比例缩放工具，打开"比例缩放"对话框，设置"等比"缩放为70%，取消"变换对象"复选框的勾选，单独缩放图案，如图10-84和图10-85所示。

图10-84

图10-85

10.5.3 制作丝织蝴蝶结

01 打开蝴蝶结素材，如图10-86所示。使用选择工具▶将其选取，按Ctrl+C快捷键复制。

图10-86

02 使用矩形工具▯绘制一个矩形，设置描边为洋红色。单击如图10-87所示的色板，用该图案填充矩形。按Ctrl+[快捷键，将矩形移动到蝴蝶结后面，如图10-88所示。

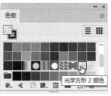
图10-87

图10-88

03 按Ctrl+A快捷键全选，按Alt+Ctrl+C快捷键创建封套扭曲，如图10 89所示。现在蝴蝶结内的纹理没有立体感，下面来修改纹理。单击"控制"面板中的 按钮，打开"封套选项"对话框，勾选"扭曲图案填充"复选框，让纹理产生扭曲，如图10-90和图10-91所示。

04 按Ctrl+B快捷键，将01步骤复制的图形粘贴到蝴蝶结后面，设置填充颜色为洋红色，无描边。按→键和↓键，向右向下移动，使投影与蝴蝶结保持一段距离，如图10-92所示。执行"效果"|"风格化"|"羽化"命令，添加羽化效果，如图10-93和图10-94所示。

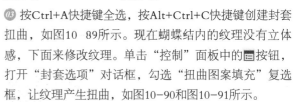
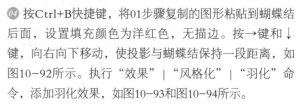

果的蝴蝶结，如图10-99所示。

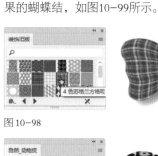

图10-89

图10-98

图10-99

图10-90

图10-91　　　图10-92

图10-93　　　图10-94

⑤ 执行"窗口"｜"色板库"｜"图案"｜"自然"｜"自然_叶子"命令，打开"自然_叶子"面板。使用选择工具 ▶ 按住Alt键并拖曳蝴蝶结和投影进行复制。选择对象，如图10-95所示，单击"控制"面板中的"编辑内容"按钮，单击面板中的一个图案来替换原有的纹理，如图10-96和图10-97所示。修改内容后，单击"编辑封套"按钮，重新恢复为封套扭曲状态。

10.5.4 制作四方连续图案

本实例制作一个四方连续图案。四方连续图案是服饰图案的重要构成形式之一，被广泛应用于服装面料设计中。其最大的特点是图案的上、下、左、右都能连续构成循环图案。

① 创建一个RGB模式的文档。选择椭圆工具 ⬭，在画板上单击，打开"椭圆"对话框，参数设置如图10-100所示，创建一个圆形，如图10-101所示。按Ctrl+C快捷键复制图形。

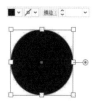

图10-100　　　图10-101

② 使用选择工具 ▶ 并按住Alt+Shift快捷键拖曳圆形进行复制。观察智能参考线，当两个圆形边界对齐时释放鼠标左键，如图10-102所示。

图10-102

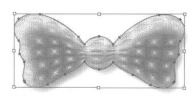

图10-95　　　图10-96

图10-97

⑥ 使用同样的方法制作出不同纹理样式的蝴蝶结。需要注意的是，投影颜色应该与图案的主色匹配，以使其效果更加真实。此外，使用"装饰_旧版"图案库中的样本还可以制作出布纹效果的蝴蝶结，如图10-98所示。使用"自然_动物皮"图案库中的样本，可以制作出兽皮效

③ 拖曳出选框，将两个圆形选取。双击旋转工具 ↻，打开"旋转"对话框，设置"角度"为90°，单击"复制"按钮，复制图形，如图10-103和图10-104所示。

图10-103　　　图10-104

04 按Ctrl+A快捷键选取所有图形，如图10-105所示，单击"路径查找器"面板中的▣按钮，如图10-106所示，对图形进行分割。

图10-105　　　　图10-106

05 使用编组选择工具▷单击多余的图形，按Delete键删除，只保留如图10-107所示的花瓣状图形。添加白色描边，如图10-108所示。

06 使用编组选择工具▷选择各花瓣，修改填充颜色，如图10-109所示。

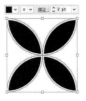

图10-107　　　图10-108　　　图10-109

07 按Ctrl+A快捷键全选，执行"对象"|"图案"|"建立"命令，打开"图案选项"面板，设置参数，如图10-110所示。单击文档窗口顶部的✓完成按钮，完成编辑，所创建的图案会保存到"色板"面板中，如图10-111所示。

图10-110　　　　　　　　　图10-111

08 创建一个矩形，单击图案进行填充，如图10-112所示。创建一个矩形，填充与图案相同的浅米色作为背景，图案会呈现另一种视觉效果，如图10-113所示。

图10-112　　　　　　　　　图10-113

10.5.5 制作花样高跟鞋

01 打开素材，如图10-114所示。选择鞋面图形，单击"色板"面板中的图案，为鞋面图形填充图案，无描边，如图10-115和图10-116所示。

图10-114

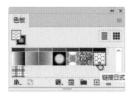

图10-115　　　　　　图10-116

02 双击比例缩放工具，打开"比例缩放"对话框，设置"等比"缩放为50%，仅勾选"变换图案"复选框，如图10-117所示，对图案进行缩小，如图10-118所示。选择鞋帮，也为其填充图案，如图10-119和图10-120所示。

图10-117　　　　　　图10-118

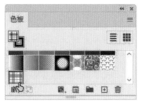

图10-119　　　　　　图10-120

03 鞋样制作完成后，就可以使用符号工具制作花团用来装饰鞋子。执行"窗口"|"符号库"|"花朵"命令，打开面板后，在白色雏菊符号上单击，该符号会加载到"符号"面板中，如图10-121和图10-122所示。

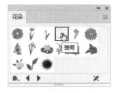

图10-121　　　　图10-122

04 选择符号喷枪工具，在鞋子上面单击并按住鼠标左键不放，创建符号组，如图10-123所示。按住Ctrl键并在空白处单击，取消选择。在鞋子上方再创建一组符号，如图10-124所示。

图10-123　　　　图10-124

05 将这两个符号组选取，如图10-125所示。单击"花朵"面板中的紫菀符号，如图10-126所示，将该符号加载到"符号"面板中。打开"符号"面板菜单，执行"替换符号"命令，用紫菀符号替换画板中的雏菊符号，如图10-127所示。

图10-125

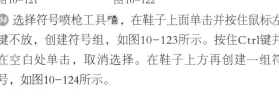

图10-126　　　　图10-127

06 使用符号紧缩器工具在符号上单击，调整密度，使符号排列得更加紧密，如图10-128所示。使用符号喷枪工具在符号组中添加符号，如图10-129所示。符号组编辑完成后，根据符号的颜色，将鞋子的黑

图10-128

色改为紫色，如图10-130所示。

图10-129　　　　图10-130

07 "花朵"面板中有各种花朵符号，如图10-131所示，用这些可以组成一个鞋子。制作时将面板中的花朵符号直接拖曳到画板上，然后调整角度与位置即可，如图10-132所示。

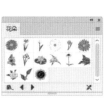

图10-131　　　　图10-132

08 加载其他符号库，可以制作出不同风格样式的高跟鞋，如图10-133～图10-136所示。

图10-133　　　　图10-134

图10-135　　　　图10-136

10.5.6 绘制马克笔效果时装画

马克笔又称麦克笔，风格洒脱、豪放，适合快速表现构思。模拟马克笔绘画效果时，要把运笔的力度、笔触的果断效果表现出来。

① 新建一个文档。使用钢笔工具 ✐ 绘制模特，使用"5点椭圆形"画笔进行描边，设置描边颜色为黑色、粗细为0.25pt，无填色，如图10-137和图10-138所示。

图 10-137

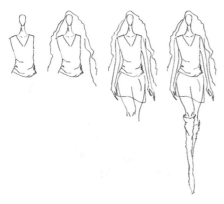

图 10-138

② 单击"图层"面板中的 按钮，新建一个图层，如图10-139所示，将其拖曳到"图层1"下方。在"图层1"左侧单击，将该图层锁定，如图10-140所示。

图 10-139

图 10-140

③ 绘制人物面部、胳膊、腿、帽子和靴子，如图10-141所示。

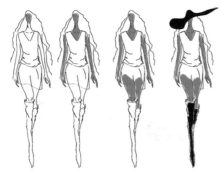

图 10-141

④ 在背心和裙子上绘制图形，如图10-142所示。选择这两个图形，按Ctrl+G快捷键编组，如图10-143所示。

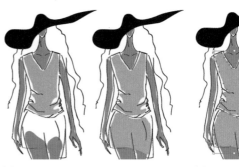

图 10-142 　　　　　　　　图 10-143

⑤ 执行"窗口"|"色板库"|"其他库"命令，在"打开"对话框中选择本实例的色板文件，如图10-144所示，将其打开。单击如图10-145所示的图案，为所选图形填充图案，如图10-146所示。

图 10-144

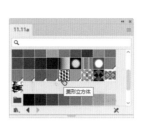

图 10-145 　　　　　　　　图 10-146

⑥ 打开背景素材，将其拖入模特文档中，放在底层，作为背景，如图10-147所示。尝试用"色板"面板中不同的图案进行填充并变换背景，效果如图10-148所示。

图 10-147 　　　　　　　　图 10-148

10.6 作业与习题

本章介绍了Illustrator中的画笔、图案和符号功能。下面是课后作业和习题，有助于读者巩固本章所学知识。

10.6.1 课后作业：制作时装面料

图10-149所示为本实例的素材。在"窗口"|"色板库"|"图案"|"自然"下拉菜单中选择"自然_动物皮"图案库，将其打开，为服装图形填充不同的图案，效果如图10-150和图10-151所示。

图10-149   图10-150

图10-151

10.6.2 课后作业：绘制水彩画

单击"画笔"面板底部的 按钮，打开下拉菜单，可以选择并打开Illustrator中的画笔库。这些画笔库能模拟各种绘画效果。

图10-152所示的水彩效果使用了"毛刷画笔库"中的画笔。可以看到，作为矢量对象的路径也惟妙惟肖地展现绘画笔触和色彩效果。制作该实例时，先使用钢笔工具 绘制出小鸟的轮廓，如图10-153所示。打开"毛刷画笔库"面板菜单，选择"列表视图"选项，如图10-154

所示，以显示画笔名称，单击"画线"画笔，将其添加到"画笔"面板中。使用"画笔"面板中的"拖把"和"画线"画笔对路径进行描边，如图10-155和图10-156所示。有不清楚的地方，可以看一看教学视频。

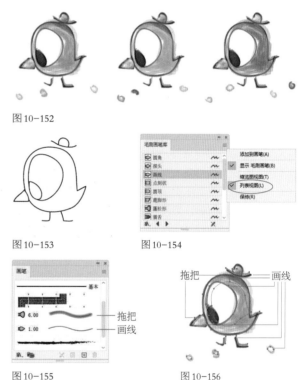

图10-152

图10-153   图10-154

图10-155   图10-156

10.6.3 复习题

1. 使用画笔工具 将画笔描边应用于路径，与将画笔描边应用到其他绘图工具绘制的路径上有什么区别？

2. 从效果上看，图案画笔与散点画笔有哪些不同？

3. 哪些对象不能用于创建散点画笔、艺术画笔和图案画笔？

4. 创建自定义图案后，用什么方法可以修改图案？

5. 请列举符号的3个优点。

6. 如果要编辑一个符号组，或在符号组添加新的符号，该怎样操作？

第11章
包装设计：3D效果

11.1 包装设计

包装设计是指选用合适的包装材料，运用巧妙的工艺手段，为商品进行容器结构造型和包装的美化装饰设计，如图 11-1 ～图 11-3 所示。

图 11-1　　　　　　图 11-2　　　　　　图 11-3

包装设计需要传递完整的信息，即这是一种什么样的商品，这种商品的特色是什么，适用于哪些消费群体。包装设计还应充分考虑消费者的定位，包括消费者的年龄、性别和文化层次。针对不同的消费阶层和消费群体进行设计，才能做到有的放矢，达到促进商品销售的目的。

优秀的包装设计能巧妙地将色彩、文字和图形组合，形成有一定冲击力的视觉形象，突出品牌，并将产品的信息准确地传达给消费者。图 11-4 所示为 Gloji 公司灯泡形枸杞子混合果汁的包装设计，其打破了饮料包装的常规形象，让人眼前一亮。灯泡形的包装与产品的定位高度契合，传达出的概念是"Gloji 混合型果汁饮料让人感觉到的是能量的源泉，如同灯泡给人带来光明，Gloji 灯泡饮料也能带给我们取之不尽的力量"。

图 11-4

11.2 3D效果

Illustrator 中的 3D 效果通过挤压、绕转和旋转等 3 种方法使路径或矢量图形呈现 3D 外观。创建 3D 模型后，可以在"3D 和材质"设置模型的透视、光照和材质等。

11.2.1 凸出和斜角

"效果"|"3D 和材质"子菜单中包含"凸出和斜角""绕转""膨胀""旋转"等效果，其中"凸出和斜角"效果（与"3D 和材质"面板中的凸出按钮🔷相同）可沿对象的 Z 轴凸出并进行拉伸，创建 3D 效果。图 11-5 所示为该效果的参数选项。

● 深度：可以设置对象的深度（范围为 0~2000）。图 11-6 所示是"深度"为 15mm 的立体字。

● 端点：单击🔘按钮，可以创建实心立体模型（效果如图 11-6 所示）；单击🔘按钮，可以创建空心模型，如图 11-7 所示。

图 11-5

图 11-6

图 11-7

● 斜面：单击"斜面"选项右侧的🔘按钮，可以为 3D 对象添加斜角，效果如图 11-8～图 11-13 所示。

"经典"
图 11-8

"圆角"
图 11-9

"凸"
图 11-10

"阶梯"
图 11-11

"圆形轮廓"
图 11-12

"方形轮廓"
图 11-13

● 旋转：可调整对象的观察角度。该选项适用于所有 3D 效果。使用"预设"下拉菜单中的选项，可以根据方向、轴和等角应用旋转预设，也可在 X（垂直旋转）、Y（水平旋转）、Z（在圆形方向上旋转）选项中设置参数，进行调整，如图 11-14 和图 11-15 所示。

"等轴左方"
图 11-14

"等轴右方"
图 11-15

● 透视：可以调整透视角度，创建近大远小的透视效果，使 3D 对象的立体感更加真实。较小的镜头角度类似于长焦镜头，如图 11-16 所示；较大的镜头角度类似于广角镜头，如图 11-17 所示。

图 11-16　　　　　图 11-17

11.2.2　绕转

"绕转"效果与"3D和材质"面板中的绕转按钮相同，它能让图形沿自身的Y轴做圆周运动生成3D效果。图11-18所示为用于绕转的路径。图11-19所示为"绕转"效果参数选项。

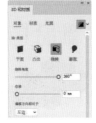

- 绕转角度：默认的角　图 11-18　　图 11-19
  度为360°，如图11-20所示。小于该角度，模型上会出现断面，如图11-21所示（300°）。

图 11-20　　　　　图 11-21

- 位移：用来设置绕转对象与自身轴的距离。该值越高，对象偏离轴越远。
- 偏移方向相对于：用来设置对象绕着转动的轴，包括"左边"和"右边"两个选项。如果用于绕转的图形是最终对象的左半部分，应该选择"右边"选项。

11.2.3　膨胀

"膨胀"效果与"3D和材质"面板中的膨胀按钮相同，它能向路径增加凸起厚度，创建膨胀扁平的3D效果。

11.2.4　旋转

"旋转"效果与"3D和材质"面板中的平面按钮相同，可以创建扁平的3D对象，并在三维空间中以各种角度进行旋转，如图11-22所示。

图 11-22

11.2.5　材质

创建3D对象时，默认状态下，Illustrator会为其添加"3D和材质"面板中的"基本材质"。

1. 预设材质。

制作布料、金属、石材、木材等类型的对象时，可以使用Adobe Substance材质，如图11-23所示，以更好地模拟质感和纹理。图11-24所示为部分材质效果。

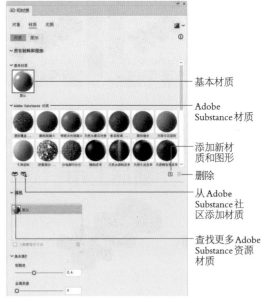

图 11-23

图11-24

2.将图稿贴在3D对象表面。

单击"图形"选项卡，可以选择一个图稿，将其贴在3D对象表面，如图11-25所示。其原理与使用3D类软件（如Cinema 4D、3ds Max）在模型表面贴图相同。

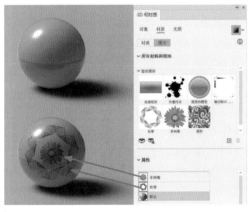

图11-25

3.创建材质。

将图稿拖曳到"您的图形"列表中，可将其创建为材质，如图11-26所示。

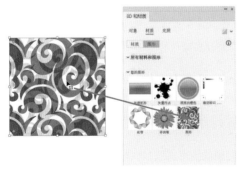

图11-26

11.2.6 光照

"3D和材质"面板中包含"光照"选项，如图11-27所示。光可以照亮3D对象，创建反射效果并生成阴影，让效果更加真实。

图11-27

- 预设：即光的预设位置，包括"标准""扩散""左上"和"右"，单击相应的按钮即可切换，效果如图11-28所示。此外，也可通过"旋转"和"高度"选项进行调整。

- 添加光源⊞/删除光源🗑：单击这两个按钮，可以添加新的光源或删除当前选择的光源。

- 旋转/高度："旋转"选项使用-180°~180°的值旋转对象周围的光线焦点。"高度"选项决定了光源的高度，如果光线较低使阴影较短，可以将光线靠近对象。反之亦然。

标准　　　　扩散　　　　左上　　　　右

图11-28

- 强度/软化度："强度"选项可调整光的亮度。如果光过强，可以提高"软化度"参数，让光线扩散，避免出现过曝而使对象表面失去细节，如图11-29所示。此外，如果阴影范围过大，也可将"软化度"值调高，以减弱阴影。

"强度"200%"软化度"40%　　　"强度"200%"软化度"100%

图11-29

- 颜色：单击"颜色"选项右侧的色板，可以打开"拾色器"对话框调整光的颜色。

- 环境光：当3D对象后方有背景时，勾选"环境光"复选框并设置"强度"值，可以让背景颜色在3D对象表面产生反射，如图11-30所示。

191

"环境光" 0%　　　"环境光" 100%　　　"环境光" 200%

图 11-30

● 暗调：单击"暗调"选项右侧的 按钮，可以为 3D 对象添加阴影，如图 11-31 所示。在该选项组中可以设置阴影位置、阴影与对象的距离，以及阴影边缘的柔和度。

阴影位于对象背面　　　　阴影位于对象下方

图 11-31

● 品质："中""低"品质用于调试并改进参数时渲染。参数调好后，选中"高"单选按钮并勾选"减少杂色"复选框，可以得到最佳品质的渲染效果。

● 渲染为矢量图：选择该选项后，可以渲染出模型的矢量结构图，如图 11-33 和图 11-34 所示。执行"对象"|"扩展外观"命令，可将结构图从模型中分离出来。

当前 3D 效果　　　　　　矢量结构图

图 11-33　　　　　　　　图 11-34

● 记住并应用于全部：保存当前渲染设置，渲染其他 3D 对象时使用此设置。

11.2.7　渲染3D对象

将 3D 效果应用于矢量对象后，单击"3D 和材质"面板中的 按钮，如图 11-32 所示，可以采用光线追踪技术进行渲染。光线追踪是主流的 3D 渲染技术，能追踪光线在对象上反弹的路径，创建逼真的 3D 图形。要禁用光线追踪和渲染，可再次单击 ■ 按钮。

图 11-32

11.2.8　导出3D对象

选择 3D 对象，打开"资源导出"面板，从"格式"下拉菜单中选择文件格式，如图 11-35 所示，然后单击"导出"按钮，可将 3D 对象导出。如果想在其他 3D 类软件中编辑此模型，可以选择 GLTF、USD 和 OBJ 等 3D 格式。

图 11-35

11.3 设计与实战

本节包含 3 个设计实战，可以学习制作不同质感的 3D 标志、立体字及易拉罐包装。

11.3.1　制作金属、瓷器和软陶效果3D标志

01 打开矢量标志，如图 11-36 所示。在"图层 1"的选择列单击，将该图层中的图形选取，如图 11-37 所示。按 Ctrl+G 快捷键编组，这样制作 3D 效果时，它们将被视为同一个对象，图形的相交处会生成压痕。

图11-36　　　　　　　图11-37

⑫ 打开"3D 和材质"面板，单击膨胀按钮 ⬤ 并设置参数，将图稿转换为 3D 模型，如图 11-38 和图 11-39 所示。

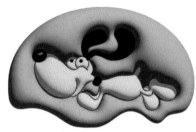

图11-38　　　　　　　图11-39

⑬ 单击"材质"属性并调整参数，让模型呈现金属光泽，如图 11-40 和图 11-41 所示。

图11-40　　　　　　　图11-41

⑭ 单击"光照"属性并调整参数，如图 11-42 所示。单击 ⊞ 按钮，添加一个光源，修改参数并将其拖曳到右上方，如图 11-43 所示，效果如图 11-44 所示。

⑮ 单击"3D 和材质"面板右上角的 ⌄ 按钮，打开下拉菜单，在"光线追踪"选项右侧的按钮上单击，开启光线追踪功能，"品质"选择"高"，如图 11-45 所示。单击"渲染"按钮或 ▦ 按钮，渲染 3D 模型，效果如图 11-46 所示。

⑯ 图 11-47～图 11-49 所示为修改参数后制作的瓷器效果。

图11-42　　　　　图11-43　　　　　图11-44

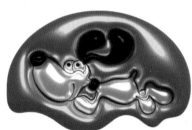

图11-45　　　　　图11-46

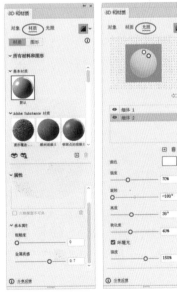

图11-47　　　　　图11-48　　　　　图11-49

⑰ 图 11-50～图 11-52 所示为修改参数制作的软陶效果。

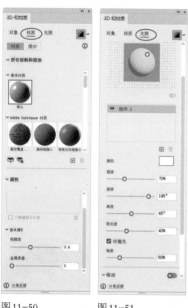

图 11-50　　　图 11-51　　　

图 11-52

图 11-56　　　图 11-57　　　图 11-58

11.3.2　制作炫彩3D字

01 打开素材，如图11-53所示。选择数字3，单击"3D和材质"面板中的 按钮，将其制作为立体字，如图11-54和图11-55所示。

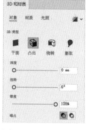图 11-59　　　图 11-60

04 选择字母D，单击"3D和材质"面板中的 按钮，制作立体字，如图11-61和图11-62所示。设置"光照"参数，如图11-63所示。单击 按钮进行渲染，如图11-64所示。

图 11-53　　　图 11-54　　　图 11-55

02 按Ctrl+C快捷键复制文字。单击"光照"属性，调整光照参数，如图11-56和图11-57所示。单击 按钮进行渲染，如图11-58所示。

03 按Ctrl+F快捷键将复制的文字粘贴到前面。将"深度"设置为0，如图11-59所示。填充颜色设置为蓝色，将文字向左移动，与立体字对齐，如图11-60所示。

图 11-61　　　图 11-62

图11-63　　　　图11-64

08 在字母"D"上绘制一些花纹并填充不同的颜色，使用同样的方法，为部分图形添加内发光效果，效果如图11-72所示。

图11-72

05 在"图层1"的眼睛图标 右侧单击，锁定该图层。单击 按钮，新建一个图层，如图11-65所示。使用钢笔工具 绘制图形，如图11-66所示。

图11-65　　　　图11-66

06 选择橙色图形，执行"效果"|"风格化"|"内发光"命令，在图形内部生成发光效果，如图11-67和图11-68所示。

11.3.3 易拉罐饮品包装设计

01 打开素材，如图11-73所示。使用选择工具 将其拖曳到"3D和材质"面板中，创建为材质，如图11-74所示。

图11-67　　　　　　图11-68

07 再绘制一个绿色图形，按Shift+Ctrl+E快捷键，应用"内发光"效果，如图11-69所示。选择橙色图形，按住Alt键并拖曳光标进行多次复制，调整角度和大小，并分别填充蓝色、紫色，使画面丰富起来，如图11-70所示。继续绘制花纹，如图11-71所示。

图11-69　　　图11-70　　　图11-71

图11-73　　　　图11-74

02 使用钢笔工具 绘制易拉罐的左半边轮廓，如图7-75所示。设置描边颜色为白色，无填色。

03 单击"3D和材质"面板中的 按钮，在"偏移方向相对于"下拉列表中选择"右边"选项，然后调整对象的旋转角度，将其制作成3D易拉罐，如图11-76和图11-77所示。单击"图形"选项卡，然后将"粗糙度"设置为0.2、"金属质感"设置为1，如图11-78和图11-79所示。

图11-75

图 11-76　　　　图 11-77

图 11-78　　　　图 11-79

04 保持易拉罐的被选取状态。单击新创建的材质，如图 11-80所示，将其贴在3D对象表面，如图11-81所示。

图 11-80　　　　图 11-81

05 将光标移动到圆形定界框右侧的控制点上，向左侧拖曳，将材质调小，如图11-82所示。将光标移动到圆形定界框内，向下拖曳，将材质向下移动一点，如图11-83所示。

06 单击"3D和材质"面板中的"光照"选项卡，拖曳光源，将其移动到中部，然后修改参数。也可直接在各选项中进行设置，定位光源的准确位置及参数，如图11-84和图11-85所示。

图 11-82　　　　　　　　　　图 11-83

图 11-84　　　　图 11-85

07 单击田按钮，添加一个光源，如图11-86所示。单击按钮，将其调整到模型后方，如图11-87所示。

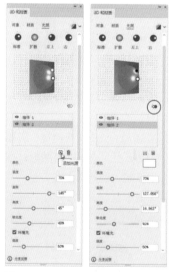

图 11-86　　　　图 11-87

08 修改光源参数，如图11-88所示，效果如图11-89所示。继续添加新的光源并设置参数，如图11-90~图11-93所示。

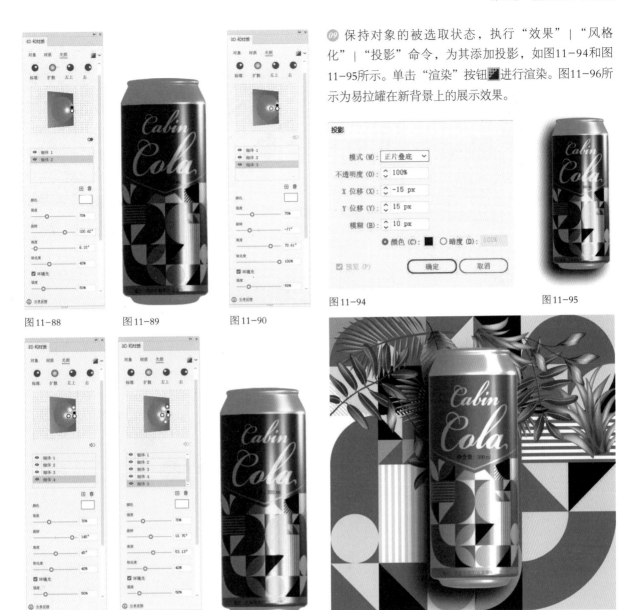

⑨ 保持对象的被选取状态，执行"效果"|"风格化"|"投影"命令，为其添加投影，如图11-94和图11-95所示。单击"渲染"按钮 进行渲染。图11-96所示为易拉罐在新背景上的展示效果。

图11-88　　图11-89　　图11-90

图11-94　　　　　　图11-95

图11-91　　图11-92　　图11-93　　图11-96

11.4 作业与习题

使用 Illustrator 中的 3D 效果制作出的 3D 对象，经过渲染后具有极强的真实感，非常适合表现立体字、立体模型和标牌等。下面是课后作业和习题，有助于读者巩固本章所学知识。

11.4.1 课后作业：制作3D特效字

使用Illustrator中的3D功能制作立体字真实感非常强，如图11-97所示。操作时，先选取文字，如图11-98所示，单击"3D 和材质"面板中的●按钮，参数设置如图11-99~图11-101所示，让文字变为3D模型，然后进行渲染即可。

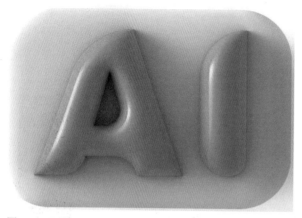

图 11-97

图 11-98

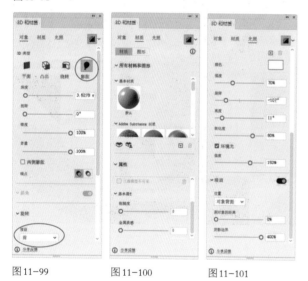

图 11-99　　　　图 11-100　　　　图 11-101

图 11-102

图 11-103

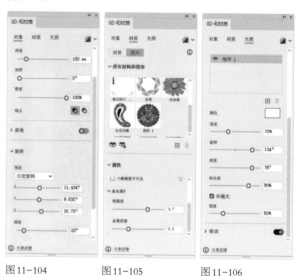

图 11-104　　　图 11-105　　　图 11-106

11.4.3 复习题

1. 使用"绕转"效果时，如果原始图形是最终对象的右半部分，应从哪边开始绕转？

2. 如果想创建扁平的 3D 对象，并在三维空间中以不同的角度展示，应该使用哪种 3D 效果？

3. 如果 3D 对象的阴影范围过大，该怎样处理？

4. 怎样让图稿变成 3D 对象的材质？

5. 在 Illustrator 中创建的 3D 对象后，如果想用其他 3D 类软件编辑，应导出为哪种格式？

11.4.2 课后作业：辣椒酱包装设计

本实例使用"效果"|"3D 和材质"子菜单中的"凸出和斜角"命令制作辣椒酱包装，如图 11-102 所示。操作时先创建一个橙色的矩形，如图 11-103 所示，使用"凸出和斜角"命令制作成立方体包装盒，将图稿拖曳到"3D 和材质"面板中创建为材质，参数设置如图 11-104~图 11-106 所示。有不清楚的地方，可以看一看教学视频。

复习题答案

第1章

1. 位图由像素组成，其最大优点是可以展现丰富的颜色变化、细微的色调过渡和清晰的图像细节，完整地呈现真实世界中的所有色彩和景物，这也是其成为照片标准格式的原因。位图的兼容性比矢量图好，各种软件几乎都支持位图。其缺点是会受到分辨率的制约，在缩放时，图像的清晰度会下降。矢量图是由数学对象定义的直线和曲线构成的，因而占用的存储空间较小，且与分辨率无关，所以无论怎样旋转和缩放，图形都会保持清晰，边缘也不会出现锯齿，因此，矢量图常用于制作图标和LOGO等需要经常变换尺寸或以不同分辨率印刷的对象。

2. 可以通过多种方法减少面板对图稿的遮挡。例如，可将面板全都停放到Illustrator窗口右侧；也可以按Shift+Tab快捷键，将面板隐藏，需要时，再使用同样的快捷键重新显示面板；可以单击工具栏中的🖵按钮，打开菜单，选择另一种屏幕模式；如果画布上的图稿也需要隐藏，可以执行"视图"|"显示文稿模式"命令，切换到演示文稿模式，这样可以将画布上的图稿、面板、工具栏等全都隐藏，如果文档中有多个画板，还可按→键和←键来进行切换，按Esc键则退出该模式。

3. 如果图稿用于打印或商业印刷，可以单击"打印"选项卡并选取其中的预设文件，相应的颜色模式会自动设定为CMYK模式；如果用于网络，可单击Web选项卡并选取其中的预设文件，相应的颜色模式会设定为RGB模式；如果用于ipad、iPhone等设备，可在"移动设备"选项卡中选取预设文件；如果用于视频，可在"胶片和视频"选项卡中选取预设文件。

4. Illustrator本机格式包括AI、PDF、EPS和SVG格式，可以保留所有Illustrator数据。

5. Illustrator中的图稿保存为AI格式后，可以随时编辑和修改其中的对象。与Photoshop交换文件时，则可保存为PSD格式，以便图层、文字、蒙版等能在Photoshop中编辑。

第2章

1. 图层类似于计算机中的文件夹，子图层则相当于文件夹中的文件，即图层对子图层起到管理的作用。对图层进行隐藏和锁定操作时，会影响其中包含的所有子图层。删除图层，也会同时删除其中的子图层。

2. 要选择被遮挡的对象，可以使用选择工具▶并按住Ctrl键在对象的重叠区域重复单击，这样便可依次选取光标下方的对象。此外，也可以在"图层"面板中找到对象，在其选择列单击，将其选取。

3. 使用编组选择工具▶⁺可以选取组中的对象。

4. 选择对象后，使用选择工具▶拖曳定界框，可进行水平、垂直拉伸；拖曳边角的控制点可动态拉伸，按住Shift键操作，可进行等比缩放；中心点标识了对象的中心，进行变换操作时，对象以参考点为基准旋转、缩放和扭曲。

5. 需要进行精确变换时，可以选择对象，在"变换"面板中输入变换数值，然后按Enter键即可。也可以执行"对象"|"变换"|"分别

变换"命令操作。

第3章

1. 在取消选择的状态下，图形将不可见，也不能被打印出来。

2. 在非HSB颜色模型下选取颜色，可以按住Shift键并拖曳"颜色"面板中的一个滑块，同时移动与之关联的其他滑块，这样便能将当前颜色调深或调浅。

3. "色板"面板用于存储颜色。在"颜色"面板中选取颜色后，单击"色板"面板中的⊞按钮，可将颜色保存。如果选取了一个矢量对象，单击⊞按钮，可将其填色或描边颜色保存到"色板"面板中。

4. 如果要调整路径的整体粗细值，可以在"控制"面板中的"描边"选项中进行设置；如果要让描边出现粗细变化，可以选取一个宽度配置文件；如果要自由调整描边粗细，可以使用宽度工具🖌处理。

5. 选取路径，单击"路径"面板中的⌷⌷按钮，可以让虚线与边角及路径的端点对齐。

第4章

1. 执行"编辑"|"首选项"|"选择和锚点显示"命令，在"为以下对象启用橡皮筋"选项中关闭预览。

2. 使用直接选择工具▷和锚点工具⌐拖曳曲线路径段时，可以调整曲线的位置和形状，拖曳角点上的方向点，只影响与方向线同侧的路径段，这是二者的相同之处。它们的不同处体现在处理平滑点上，当拖曳平滑点上的方向点时，直接选择工具▷会同时调整该点两侧的路径段，而锚点工具⌐只影响单侧路径。

3. 使用直接选择工具▷单击角点将其选择，拖曳实时转角构件进行转换，或者单击控制面板中的🭬按钮进行转换；也可以使用锚点工具⌐拖曳角点，完成转换。

4. 剪刀工具✂可以将路径剪为两段，断开处会生成两个重叠的锚点。美工刀工具🖊可以将图形分割开，得到的形状是闭合路径。路径橡皮擦工具✏可以将路径段擦短或完全擦除。橡皮擦工具◆可以将路径和图形擦除（擦除范围更大）。

5. 图形、路径、编组对象、混合、文本、封套扭曲对象、变形对象、复合路径、其他复合形状等都可用来创建复合形状。

第5章

1. 单击工具面板底部的填色按钮，切换到填色可编辑状态，即可选择网格点或网格片面进行上色。

2. 网格点可以接受颜色，锚点不能。

3. 选择对象，执行"对象"|"扩展"命令，在打开的对话框中勾选"填充"和"渐变网格"两个复选框。

4. 如果是文字，可以执行"文字"|"创建轮廓"命令，将其转换为轮廓，再转换为实时上色组。对于其他对象，可先执行"对象"|"扩展"命令，再转换为实时上色组。

5. 可以向实时上色组中添加路径，生成新的表面和边缘。

6. 可以对图形应用全局色。修改全局色时，画板中所有使用了

全局色的对象都会自动更新到与之相同的状态。

第6章

1. 如果直接复制其他软件中的文字，再将其粘贴到 Illustrator 文档中，是无法保留文本格式的。要保留格式，应执行"文件"|"打开"命令或"文件"|"置入"命令，打开或置入文件。

2. 选择文本对象，执行"文字"|"创建轮廓"命令，将文字转换为轮廓，然后便可使用渐变填色和描边。

3. 在"字符"面板中，字距微调 VA 选项用来调整两个文字间的距离。字距调整 VA 选项可以对多段文字，或所有文字的间距作出调整；比例间距 选项可以按照一定的比例统一调整文字间距。其中，比例间距 选项只能收缩字符间距，而字距微调 VA 和字距调整 VA 两个选项既可以收缩间距，也能扩展间距。

4. 溢流文本是指在区域文本和路径文本中，由于文字数量较多，使得一部分文字超出文本框或路径的容纳量而被隐藏。出现溢流文本时，文本框右下角或路径边缘会显示 状图标。使用移动工具 ▶ 选择文本对象，在 状图标上单击，之后可以通过3种方法将溢流文本导出，包括在画板空白处单击，将文字导出到一个与原始对象形状和大小相同的文本框中；拖曳出一个矩形框，将文字导出到该文本框中；单击一个图形，将文字导入该图形中。

5. 创建文本绕排时，要将文字与用于绕排的对象放到同一个图层中，且文字位于绕排对象下方。

第7章

1. 自由变换工具 可以进行移动、旋转、缩放、拉伸、扭曲和透视扭曲。

2. 图形、文字、路径和混合路径，以及使用渐变和图案填充的对象都能创建混合。

3. 封套扭曲可以通过3种方法创建：用变形方法（Illustrator 提供的15种封套样式）创建、用变形网格创建，以及用顶层对象扭曲下方对象进行创建。

4. 图表、参考线和链接的对象不能创建封套扭曲。

5. 选择对象，执行"对象"|"封套扭曲"|"封套选项"命令，打开"封套选项"对话框，勾选"扭曲图案填充"复选框，可以让图案与对象一同扭曲。取消"扭曲外观"复选框的勾选，可以取消效果和图形样式的扭曲。

第8章

1. 选取对象后，单击"外观"面板中的"添加新描边"按钮 ，可以为对象添加第2种或更多的描边属性。单击"添加新填色"按钮 ，可以添加新的填色属性。

2. 选择要进行组合或分割的多个图形，按 Ctrl+G 快捷键编组，之后才能使用路径查找器效果。

3. 为对象添加效果后，可以通过"外观"面板或"属性"面板查看效果列表。双击效果名称，可打开相应的对话框修改效果参数。将一个效果拖曳到 按钮上，可将其删除。

4. 外观属性包括填色、描边、透明度和各种效果。

5. 在图层的选择列单击后，可以将外观属性，如"投影"效果等应用于图层，此时该图层中的所有对象都会添加这一效果。将其他对象移入该图层时，会自动添加"投影"效果。将该图层中的对象移出去，则对象会取消"投影"效果。为图层添加图形样式时也是如此。

而将外观，如"投影"效果应用于单个对象时，不会影响同一图层中的其他对象。图形样式也是如此。

第9章

1. 选择对象，在"外观"面板中单击"填色"或"描边"属性，然后在"透明度"面板中修改"不透明度"和混合模式。

2. 嵌入图稿时，图稿成为 Illustrator 文件的一部分，因而文件会占用较大的存储空间，但可编辑性更好。例如，嵌入 AI 格式的文件后，路径是可以编辑的。如果以链接的方式置入 AI 格式文件，则对象将是一个整体，不包含可编辑的路径，但因图稿与外部独立的文件链接，所以，不会显著地增加 Illustrator 文件的大小，而且，编辑原始图稿时，可以自动更新与之链接的图稿。

3. 在控制不透明度方面，"不透明度"选项只能对图稿进行统一调整。而不透明度蒙版可依据蒙版对象中的灰度信息来控制被遮盖的对象如何显示，因此，当灰度变化丰富时（如使用黑白渐变），可以让对象呈现出不同程度的透明效果。

4. 可以通过3种方法创建剪切蒙版。第1种方法是在对象上方创建矢量图形，然后单击"图层"面板中的 按钮；第2种方法是选取矢量图形及下方对象，然后执行"对象"|"剪切蒙版"|"建立"命令；第3种方法是单击工具栏中的"内部绘图"按钮 ，然后绘制图稿，让所创建的对象只在图形内部显示。

5. 对于不透明度蒙版，任何着色的矢量对象，以及位图图像都可用作蒙版。对于剪切蒙版，则只有路径和复合路径可用作蒙版。

第10章

1. 在"画笔"面板中选择一种画笔，然后使用画笔工具 绘制路径，可在绘制的同时为路径添加画笔描边。用其他绘图工具绘制的路径不会自动添加画笔描边。需要添加时，应先选择路径，然后单击"画笔"面板中的画笔。

2. 图案画笔会完全依循路径排布画笔图案，散点画笔则会沿路径散布图案。此外，在曲线路径上，图案画笔的箭头会沿曲线弯曲，而散点画笔的箭头始终保持直线方向。

3. 包含渐变、混合、画笔描边、网格、位图图像、图表，以及置入的文件和蒙版对象。

4. 单击"色板"面板中需要修改的图案，执行"对象"|"图案"|"编辑图案"命令，打开"图案选项"面板，在该面板中可以重新编辑图案。

5. 使用符号可以快速创建重复的图稿，节省绘图时间。每个符号实例都与"符号"面板中的符号建立链接，当符号被修改时，符号实例会自动更新效果。此外，使用符号还可以减小文件大小。

6. 先选择该符号组，然后在"符号"面板中单击相应的符号，再进行编辑操作。如果一个符号组中包含多种符号，则应选择不同的符号，再分别对其进行处理。

第11章

1. 从左边开始绕转。

2. 使用"膨胀"效果。

3. 可以提高阴影边缘的柔和范围，即增加"阴影边界"值。

4. 将图稿拖曳到"3D 和材质"面板中的"您的图形"列表内，可将其创建为材质。

5. 可以使用 GLTF、USD 和 OBJ 等格式导出文件。